U0149915

跨越时空的相遇

中国民居建筑解读

朱 江◎著

中国书籍出版社
China Book Press

图书在版编目 (CIP) 数据

跨越时空的相遇：中国民居建筑解读 / 朱江著 . --
北京：中国书籍出版社，2021.4
ISBN 978-7-5068-8430-3

Ⅰ . ①跨⋯　Ⅱ . ①朱　Ⅲ . ①民居 – 研究 – 中国
Ⅳ . ① TU241.5

中国版本图书馆 CIP 数据核字（2021）第 064985 号

跨越时空的相遇：中国民居建筑解读

朱　江　著

责任编辑	牛　超
责任印制	孙马飞　马　芝
封面设计	尚书堂
出版发行	中国书籍出版社
地　　址	北京市丰台区三路居路 97 号（邮编：100073）
电　　话	（010）52257143（总编室）　（010）52257140（发行部）
电子邮箱	eo@chinabp.com.cn
经　　销	全国新华书店
印　　厂	三河市德贤弘印务有限公司
开　　本	710 毫米 ×1000 毫米　1/16
字　　数	201 千字
印　　张	15.25
版　　次	2022 年 1 月第 1 版
印　　次	2022 年 1 月第 1 次印刷
书　　号	ISBN 978-7-5068-8430-3
定　　价	86.00 元

前言

　　中国民居，不仅仅是能为人们遮风挡雨的住所，更体现着中国人民无穷的生存智慧与创造才能，彰显着中华民族深厚的文化底蕴。

　　在漫长的历史发展进程中，中华民族逐渐积累了丰富深厚的民居建造经验，人们根据各地不同的自然环境与气候特征，因地制宜，又结合不同时期的主流思想与文化，建造了独具特色的中国民居建筑。从史前时代到近现代，从贵族富商的庭院豪宅到平民百姓的民间房舍，这些设计精巧、工艺精细的中国传统民居建筑，组成了一座无与伦比的艺术宝库，成为中国建筑史上一颗璀璨的明珠。

　　本书带你穿越古今，去邂逅不同时期、不同地区的中国传统民居，让你在千姿百态、风采各异的民居中，感受中国传统建筑艺术的独特魅力，品味博大精深的中华文化。

　　中国民居建筑的历史悠久，从原始社会的南巢北穴，到初现风采的夏商周民居，再到隋唐盛世下的繁华市井、宋元闹市中的静谧宅院，最后到日趋定型的明清建筑以及中西合璧的民国建筑，本书为你展示了一幅详述民居建筑沿革、兴衰历史的唯美画卷。

　　当然，除了历史烟云，这幅民居画卷中还用更多的笔墨描绘了那些屹立于中国广阔大地上各地的特色民居。

　　在北方，既有古色古香、寓意丰富的北京四合院，又有返璞归真、充满乡土气息的陕西窑洞，还有气势宏伟、显示主人身份与地位的山西大院，它们勾勒出北方的深沉与壮美；在南方，烟火生情的上海弄堂错落有致，白墙黑瓦的安徽民居令人神往，还有那些造型奇特的福建土楼和精巧秀美的云南四合院，无一不彰显着南方的温婉与秀丽。

　　我国少数民族的民居建筑也在这幅画卷中留下了浓墨重彩的一笔：蒙古族的蒙古包是草原上令人心安的一抹暖色；藏族的碉房古朴粗犷，在山中傲然挺立；白族民居的粉墙画壁布局精巧，自成体系……

　　为了让你更好地欣赏这幅民居画卷，本书还精心设置了几个板块：在每节的开头以"心有所思"引导阅读，接下来的"民居课堂"与"漫话建筑"两个板块为你讲述各种关于民居建筑的知识，帮你全方位领略中国传统建筑的独特风采。

　　本书文字优美，图文并茂，美不胜收，兼具知识性与欣赏性，能够让你从中领悟中国传统民居建筑艺术的精髓，感受中华民族厚重的文化底蕴。

　　穿越古今，纵横四海，让我们一起翻开这幅美丽的中国民居画卷，细细品味中国传统建筑的独特魅力。

作者

2020 年 12 月

目录

第一章　走进中国民居建筑：追寻中华文明的印迹

第二章　远古至魏晋的古老民居：讲述千年不老的历史记忆

第三章　隋唐至近代的传统民居：尽显古老中国的绰约风姿

第四章　深沉而壮美：驻足于北方的古朴民居

第五章　温婉而秀丽：徜徉于南方的清雅民居之间

第六章　苍茫中的豪迈：遥望北方少数民族的特色民居

第七章　静谧中的柔美：领略南方少数民族的民居风情

第一章

走进中国民居建筑

追寻中华文明的印迹

决泱中华，无所不有，其中姿态万千、风采各异的民居建筑无疑是中华文明中一个独特的代表。

在几千年的历史发展进程中，勤劳的中国人已经积累了深厚的民居建筑经验，人们结合自然环境、气候变化、传统文化，因地制宜，建造了集实用性与观赏性于一体的独特的中国民居。

民居建筑是我国劳动人民和建筑大师智慧的结晶，集中体现了中华民族的物质文化与精神文化，在广阔的中国大地上，民居建筑仿佛一座座建筑博物馆，成为中华民族光辉灿烂的文明的载体，展示着中华文明的无尽风采，令世界为之惊叹。走进中国民居，认识民居建筑的过程，其实就是探索中华文化、追寻中华文明印迹的过程。

多姿多彩的中国民居建筑

心有所思

　　在所有的建筑中，民居建筑是一个独特的存在，它们历经风霜，其中每一块砖，每一片瓦，每一根梁木，都承载着厚重的历史，无声地诉说着一个个遥远而动人的故事。对这些多姿多彩的中国民居建筑，你了解多少呢？在你心里，有没有对民居建筑的记忆呢？

　　"民居"一词，最早见于西周时的《周礼》："既知十二土之所宜，以相视民居，使之得所。"民居是相对于皇室而言的居所，是对庶民及达官贵人的住宅的统称。

　　作为满足人们最基本的生活需要的建筑，民居是我国出现时间最早，分布范围最广，数量最多，也是最基本的建筑类型。由于受到文化礼制、经济水平、气候环境以及各地风俗等各种因素的影响，各种民居建筑特色鲜明，异彩纷呈。

就地取材——不同材质的中国民居

◎ 朴实的石头民居

中国地大物博，很多地方的民众都是就地取材搭建自己的家园，在山区，最常用的建筑材质当然就是石头了。用石头建造的民居，典型的要数贵州布依族的石板房以及藏族的碉房。

贵州布依族石板房

贵州布依族的石板房采用干栏式结构，有的整个房屋都用石头建造，也有的以石头为主，混合竹子、木头和土共同搭建。这种石板房分为上下两层，上层是人们居住生活的空间，下层则用来圈养牲畜或贮藏物品。石板房整体布局为三开间形式，中间的是客堂，即堂屋，两边是卧室，厨房居于房屋后部。石板房的窗户非常小，因此室内光线很差，非常昏暗。

藏族的碉房主要分布在山顶或河边，墙体由毛石砌成，一般是三层建筑，第一层用作畜养牲畜和贮藏，上面两层用作居室，为平顶结构。建造碉房的材料除了石头之外，还有涂抹在屋面的木条、草泥和麦草。

藏族碉房

◎ 轻巧的竹制民居

竹子主要生长在南方，竹子生长茂盛且周期短、砍伐方便，自然成为南方很多地区建造民居的首选材料。

居住在热带雨林地区的傣族人尤其偏爱竹制建筑，由于居住地气候湿热，他们搭建的竹楼都是典型的干栏式建筑，整个房子以木桩架空，以便通风防潮。傣族竹楼没有窗户，采光主要靠竹墙的缝隙，竹墙透光柔和，又能通风，非常方便。

◎ 精细的木制民居

在古代，无论南方还是北方，木头都是非常理想的一种建房材料。我国森林茂密，树木随处可见，再加上木头加工起来比较简单，搭建方便，故而非常实用。

许多地方的木制民居都做得非常精细，门窗上雕刻着各种花纹、图案，漂亮极了。

◎ 粗犷的土制民居

土制民居是在土地上就地建造的民居，室内与室外没有明显的界线，人踏进屋内与在屋外几乎没有区别，厚厚的土墙壁不仅起到挡风、隔热的作用，在古代还担负着御敌的重担。

🌏 千姿百态——不同形式的中国民居

◎ 古朴雅致的院落式民居

院落式民居是自古以来汉族的主要居所形式，也是汉族传统民居中的突出代表。

院落式民居的格局为外实内虚、中轴对称，受环境气候的影响，南北方院落有所区别：北方院落比较封闭，多以砖雕装饰，整体风格沉稳、厚重；南方院落比较开敞，装饰上主要是木雕，整体风格秀丽、温婉。

北方院落民居以北京四合院和晋中宅院为代表。

北京四合院

山西乔家大院

南方院落有中小型与大型之分。

中小型院落的式样丰富，典型的如浙江地区的民居，通常建成三合院的楼房形式，整体布局既简单又规矩，既严谨又开朗，再加上清秀雅致的木雕，令人赏心悦目。

大型院落，即富家民居，这种院落由多个院落组成，前面是厅堂，后面是起居之处，整体布局对称严谨，尊卑分明，极有气势。

除此之外，南方还有一种园林式院落。园林式院落，即带有花园的院落，是南方特有的一种院落形式，多见于江浙地区。这种院落就像是一个缩小的园林，亭、台、楼、阁掩映于奇山异石之间，小桥流水从秀丽的花木中穿过，曲径通幽，物随景迁，四季变换，是文人墨客向往的隐居之所。

◎ "四水归堂" ——天井式民居

天井式民居，也就是以天井为核心，在四面围上楼房的建筑。天井式民居主要分布在江苏、江西和徽州等南方地区，这是因为南方气候炎热，雨水多，比较潮湿，而天井式的建筑既可以减少阳光的射入，又可以避雨，而且还利于通风，非常适合南方人居住。

天井式的布局使得各个屋子都可以将水直接排向天井，这就是所谓的"四水归堂"，寓意财不外流。

天井民居

◎ 清秀灵动的自由式民居

自由式民居主要指南方的一些城镇或乡村中随地势而造，非院落形式的民居。

自由式民居的"自由"一方面体现为建筑风格的随意，规模大小不一，组合灵活，重视合理利用有限的空间；另一方面则表现为不拘泥于院落式民居尊卑礼节的礼法制度，更重视房屋的实用性。

苏州自由式民居

江南六古镇，即江苏的周庄、同里、角直和浙江的南浔、乌镇、西塘，是人们游赏自由式民居的首选去处。

古镇远离闹市中的喧闹浮华，因地制宜的民居建筑参差互见，随势而变，再加上清澈的河水，弯弯的小桥，古朴的街道，整体画面清新雅致，很容易勾起人们的闲情逸趣。

江南水乡——周庄

水墨画卷——南浔古镇

漫|话|建|筑

周庄"双桥"

周庄的美景（包括民居建筑风景）是江南六古镇中极为著名的，这归功于位于周庄中心位置的"双桥"，即明万历年间修筑的世德桥和永安桥。

"双桥"桥面一横一竖，桥洞一圆一方，两桥相连，形似古代的钥匙，因此又被叫作"钥匙桥"。双桥两岸是高低错落的自由式民居，河水潺潺，白墙黛瓦，配上蓝天白云、碧树红花，充满着浓郁的江南水乡风情。

周庄"双桥"

最能体现出周庄古镇之神韵的"双桥"之所以能如此出名，其实与著名留美画家陈逸飞有关。1984年，陈逸飞先生将能勾起自己童年记忆的"双桥"美景画成油画，命名为《故乡的回忆》。后来，这幅油画被当时的美国西方石油公司董事长看中，花高价购买，并在1988年来中国访问时送给了邓小平同志。

同年，此画经过陈逸飞先生的加工，重新命名为"和平之桥"，被印在联合国的首日封上。从此，周庄"双桥"及民居建筑就随着陈逸飞先生的画一起走向了世界，世界各地的人都慕名而来，一睹其风姿。

◎ 窑洞土中生

窑洞式民居主要流行于甘肃、陕西、山西、河南等地区，这些地区的气候干燥，冬季寒冷，且有着厚达一二百米、很难渗水的黄土，为建造窑洞提供了极其便利的条件。

窑洞式民居冬暖夏凉，适于居住，然而也存在光线不佳、通风不便、环境潮湿等缺点。

陕北窑洞

窑洞式民居充分诠释了大地养育生命的含义，人们筑土为房，以土为生，完全融入了大自然的怀抱。

窑洞的分类

窑洞分为崖窑、地窑、箍窑三种。

崖窑，又叫作靠山窑，是在山崖上横向凿出的山洞，顶部呈半圆或长圆，各个窑洞并列，由隧洞连接，并且窑洞上还能再建窑洞，外形上极像石窟。

地窑，是先在地面掘出矩形深坑，再沿着深坑壁面横向挖窑。这种建筑如果远观的话很难发现，只有走近了才能发现地下别有洞天。

箍窑，是用砖或者土坯在地面上建造的窑洞。

你知道中国民居建筑的环境艺术吗？

心有所思

　　在生产力快速发展的今天，我们可以从很多方面，通过很多途径去改造自然环境，以适应现代社会的需求。但是，在生产力水平还很落后的古代，人们还没有大规模改造自然环境的能力，那么那时候的人们是怎样处理建筑与环境的关系呢？你知道在中国传统的民居建筑中，蕴含着怎样的环境艺术吗？

　　无论是古朴雅致的院落式民居，还是清秀灵动的自由式民居，传统的中国民居建筑都十分注重与自然环境相适应、相协调。将自己的居住之地与自然环境完美融合，是传统中国人对民居建筑最本质的追求。

气候环境对民居建筑的影响

◎ 降水量与屋顶坡度

降水量的大小对中国民居建筑的影响很大，这尤其体现在排水的屋顶建造形式上。

受技术水平的限制，传统中国民居多采用疏导式的屋顶排水形式，因此，一般而言，在降水量比较多的地区，民居建筑的屋顶坡度要大于降水量少的地区，以便于排水。

比如，在南方多雨地区，民居建筑的屋顶大都比较陡，并且修筑有为墙壁遮挡雨水的屋檐；而在少雨的北方地区，民居建筑的屋顶坡度都比较缓，尤其像新疆吐鲁番盆地这样的干旱地区，以土坯修建的平顶式民居建筑更为常见。

屋顶倾斜度明显的民居建筑

新疆吐鲁番的平顶民居建筑

◎ 温度与湿度带来的南北方建筑差异

由于我国南方和北方的气温、湿度差异明显，因此南北两地的民居建筑形态有很大的不同。

南方地区气候湿热，即使在冬季也很少有极端寒冷的天气，因此南方的民居在建造时主要考虑的是夏季太阳辐射强、降水量大的气候条件，也就是要保证房屋的遮阳、隔热和通风效果。在这样的环境之下，南方传统的民居厅堂一般都比较高大、宽敞，有的还在厅堂前建造了天井，以便形成穿堂风。

而在北方地区，冬季非常寒冷、干燥，民居建筑则主要考虑的是冬季防寒、保暖的功能，因此北方民居封闭性比较好，很多都是向院内开窗，屋顶低而厚，设吊顶顶棚，屋内多设有火炕、火墙等，以达到防寒、保暖的效果。

山西古民居室内场景

因地制宜的中国民居

我国幅员辽阔，地形多样，由于地形的不同，相应的民居建筑方式也就有所不同，尤其是在水域区和山地区，传统民居的建造形式都各有特点。

◎ 临水而建的民居

江南水乡的传统民居大多是临水而建，因为家家都想要沿水岸建房，而河岸线又有限，所以这些地方的民居建筑就形成了纵向发展的建造形式，布局十分紧凑。这种形式下的民居建筑一般分为上下两层，上层为卧室，下层为厅堂。

临水而建的江南民居，布局紧凑

◎ 依山而筑的民居

我国多山地和丘陵地形，这种地形比较复杂，也给民居的建造带来了诸多不便。传统的中国民居对于在山地的建造方式不是致力于改造地形，而是因地制宜，设计出与地形相适应的房屋形态。

　　针对山地地形中高低不平的坡度，在建造民居时会尽量不改动天然地表，而是顺着自然坡度来建造。比如，可以通过调整屋内的地坪来调整高地，以使整个民居的外观与坡地相协调。另外，也有的民居是通过建造层层相套的院落来调整整体高度，营造视觉上的平衡感。

中国民居建筑对布局也很讲究

心有所思

　　有的人觉得，民居，尤其是中国传统民居，在布局上都是比较随意的，不像其他建筑那样有一些固定的布局特点。事实真的如此吗？根据你对中国民居的了解，你认为这些民居建筑在布局上有没有什么特点呢？

　　中国民居建筑虽然在各地风格不一，但不管是哪里的民居，在布局上都是非常讲究的，这主要体现在它的主次分明、流线明确以及递进式的结构等方面。

主次分明

传统的中国民居很多是建筑群体组合，这种建筑群体主次分明，主体建筑突出。

主体建筑是整个民居建筑的核心，要么布置在整个建筑群的主线上，占据中心位置，要么屋顶建造得比其他建筑要高，非常显眼。这种突出主体建筑的民居布局在赣南客家围屋中体现得尤为明显。

突出中间主体建筑的定南围屋

漫 | 话 | 建 | 筑

赣南客家围屋

围屋，就像它的名字一样，是围起来的屋子，这是一种很有特色的客家民居。

围屋兴起于明朝后期，主要分布在赣南与福建、广东三省交界的地区。其中赣南围屋又主要分布在龙南、定南、全南，以及信丰、安远等县的南部地区，以龙南围屋最为典型。龙南围屋的形式多样，有方形、圆形、半圆形、八卦形以及各种不规则的形状。

龙南围屋

方形围屋是赣南客家围屋中最典型的一种样式，这种围屋具有很强的防御性，其外墙便是整座建筑的防御围墙，一般都设有炮楼，围门一关，里面就像是一个独立的小王国，丝毫不受外界干扰。围屋内的建筑整齐统一，主次分明，位于中心位置的是祖堂，这是人们举行祭祀及其他重要礼仪活动时所用的公共场地。除祖堂外，其他房屋的设置一般都是"前厨后厅"形式，很有秩序。

流线明确

民居建筑虽小，但是在每一个布局上都是非常严谨的，呈现出明确的流线。

在中国传统民居中，每两个空间区域之间都有明确的联系，从前庭到前门，再到正厅、后厅、后院，最后到后门，都是一贯而下的，空间布局非常清晰，具有很强的实用性。

递进式结构

中国民居在结构上是递进式的，开端的庭院为公共性区域，由此逐渐进入私密性渐强的半公共性区域，最后到达完全私密的主人的卧室等私房区域。

除此之外，在具体的房屋设置中，中国传统民居还会考虑根据人们的亲疏关系来安排房间，从普通的熟人，到关系亲密的朋友、亲属，尊贵的客人，再到自己的家庭成员，他们居住的宅院都是有层次安排的，层层递进，由疏到亲，不能有丝毫马虎。

中国民居建筑中蕴含着怎样的传统文化？

作为中国传统建筑中的重要代表类型，中国民居不仅汇聚了我们华夏祖先无穷的建筑智慧，更蕴含着底蕴深厚的中华传统文化。

五行八卦的哲学思想

阴阳五行和八卦思想是中国古代最基本也是颇具智慧的一种哲学思想，大概在远古时期就已经开始萌芽了。五行，即金行、木行、水行、火行和土行，这是古代汉族知识分子从事各种学问研究所要掌握的基本哲理；八卦，是指乾、坎、艮、震、巽、离、坤、兑，八卦学说在中国古代的风水学中被普遍运用。

阴阳五行的哲学思想在中国南方和北方的民居中都有体现。典型的南方民居都设置有祖堂与天井，其中祖堂为阴，天井为阳，这两个部分都是整个民居建筑的核心区域，其他住宅空间都是以这两者为中心来建造的，这实际上就体现了阴阳互动的哲学思想。同样，北方的四合院中也有代表阴的厅堂和代表阳的庭院，也是阴阳互动关系的体现。

八卦学说在中国传统民居中也有体现，比如被誉为"中国古建筑之乡"的徽州呈坎古镇中的传统民居的规划布局中就蕴含着这种思想。

徽州呈坎镇

呈坎镇，又名"八卦村"，古名"龙溪"，始建于东汉末期，距今已有1000多年的历史了，现已被列为国家 5A 级旅游风景区。

呈坎镇是我国现存最完整的明朝古村落，村中有包括宋、元、明、清等时期的古建筑一百余处。呈坎镇中的古民居建筑都是按照"阴（坎）阳（呈）二气统一，天人合一""左祖右社"的八卦风水学说来进行选址和布局的，人们身临其中，宛如走进迷宫一般，令人忍不住惊叹于祖先们在古老的民居建筑中倾注的伟大智慧。

　　除了呈坎镇中这种"左祖右社"的严格的八卦式格局之外，还有一些中国传统民居，比如浙江永嘉的仓坡村民居，则是在阴阳五行思想的影响下形成了一种有规划而格局并不严格的形态。

　　无论是哪一种形态，中国民居布局其实都是中国传统哲理思想的反映，是中国传统文化在民居建筑中刻下的深深的烙印。

漫｜话｜建｜筑

仓坡古村的民居建筑

　　仓坡古村是浙江省永嘉县著名的古村落之一，其历史始于五代后周时期，现存民居建筑则带有明显的宋代风貌，历史价值极高。

　　古村中的民居建筑形式各异，建筑材料以木、石、砖为主，外观多为朴素淡雅的风格，甚少雕饰，展现出这一地区的民居建筑特有的天然美。

仓坡古村民居建筑

　　仓坡古村最出名的，不仅是那里如世外桃源般迷人的风景，还有其民居建筑中蕴含着的浓厚的五行八卦文化：村口的"文房四宝"式布局（笔架山形成的"笔"、两方池塘形成的"砚"、池塘边的大条石形成的"墨"以及方形村落形成的"纸"）实际上体现了阴阳五行中的"水克火"。还有各民居建筑中四方的台门和水井，其实也是八卦文化的体现。

突出等级观念的宗法思想

　　自西周以来形成的宗法思想对中国古代的各种建筑都产生了深刻的影响，民居建筑也不例外。中国传统民居建筑无论是在建筑布局上，还是具体的室内装饰上，都透露着浓厚的宗法等级和封建伦理观念的气息。

　　在中国传统民居中，"南尊于北"，即在房屋的分配上是以面南为尊，北方多为祖宗居住之地（上房）；东西次之，为晚辈们的居所；西北则又次之，长幼尊卑有序，等级分明，体现了传统的宗法思想。

　　除等级观念之外，传统宗法思想中还很重视血缘关系，这一点在民居建筑中也有体现。

　　中国传统民居建筑中一般都设有祖宗祠堂，遇有重大事情时，各户家长在族长的领导下来这里议事；每逢佳节，各家各户都带着精心准备的祭品来这里祭拜祖先；若有男子娶妻，要在祠堂叩拜祖先，大宴宾客；女子出嫁，则要来向祖先及其他亲族好友辞行……民居中的祠堂建筑仿佛是一根连接着有血缘关系的全族人的纽带，彰显着中国传统文化的神秘力量。

第二章

远古至魏晋的古老民居

讲述千年不老的历史记忆

在我国门类众多的古建筑之中，古民居无疑是其中的一朵仙葩。自有巢氏结庐而居之后，民居成为中国建筑门类之中历史最悠久的一个种类，同时也是分布最广、数量最多的一大门类。古民居如星星，如珍珠，散落在旧时的中国大地中的每一个村庄和城镇。民居不但是中国人的栖息之所，也印上了中国人独特的思维和环境烙印。一方水土养一方人，一方水土也孕育着一方独特的民居。旧时的人们，生活在大大小小的古民居之中。日出而作，日落而息，把简单的日子过成了诗。

原始社会村落民居掠影

心有所思

　　民居是百姓的居所，见证百姓的喜怒哀乐。你知道我国民居的历史发展和由来吗？你知道我国有据可查的民居最早可以追溯到什么时期吗？你知道我国不同时期的民居都有哪些特点吗？下面就让我们一起来了解一下吧。

 巢穴，中国民居雏形

　　巢穴即巢居和穴居，这是我国民居最早的两种形式。所谓巢居，就是架

木而居，而穴居，则是掘土而居。

在远古时期，由于生产力十分落后，人们还没有自己建筑居所的能力。出于遮风挡雨、抵御野兽侵害的需要，原始人开始寻找能够藏身的树洞和山洞，他们赶走居住其中的飞禽或走兽，在这些天然巢穴中，安下了最初的家园。

在以后的生活中，原始人明显从这些天然巢穴中获得了启发，他们就地取材，学着那些"自然界的建筑师"的样子，用树枝、树叶和茅草筑巢，或在地下营窟，形成了中国最早的民居——巢穴。

南巢北穴，中国人最早的家园

随着氏族社会的发展和生产力的不断提高，人口数量开始逐渐增加，为了满足日益增加的居住需要，民居的建筑水平进一步提升，"南巢北穴"居住形式逐渐形成。

"南巢北穴"特点的呈现，跟地理环境是分不开的。南方多丛林草木，气候多雨，因此选择筑巢而居的方式，建造出巢居、干栏式建筑；而北方地厚天高，土壤松软，则选择挖穴而居，建造出地穴式、半地穴式建筑。

南方的巢居最早是在树上搭建起来的，后来逐渐发展为在地面搭建，有打桩和栽桩两种方式，形成了一种底层架空的建筑形式，即干栏式建筑。可以说，干栏式建筑实际上就是"升级版"的巢居建筑。

在壮族语言中，"干栏"有"家"和"屋"的意思，干栏式建筑用竹子和木头搭建而成，底层架空，楼上住人。在河姆渡遗址出土的干栏式民居，就是中国最早的干栏式民居建筑。

余姚河姆渡遗址复原图

河姆渡遗址距今已有 7000 年，分布在浙江到云南大部分区域。即使在今天，我们都能从其精美的构造中，感受到来自远古民居建筑中的古朴遒劲之美。根据河姆渡遗址中所出土的建筑构件，可以看出当时的木构架中已经出现了榫卯结构，这里还发现了我国迄今为止最早的木构建筑的水井，这表明当时的民居建筑已经有了相当的成熟度。

北方的地穴式住居是对天然洞穴的模仿，古代文献中将这种营建方式称之为"营窟"或"掘室",其建筑形式分为横穴式和竖穴式两种。

在原始社会早期,我国北方的民居形式以类似窑洞的横穴式居多。但横穴式住居建筑存在局限:只适合黄土层覆盖较厚的地区,或是需要依靠断崖、坡地构建,地形限制较多。

相比之下,竖穴式住居的适应性更强,它走出了断崖和坡地的限制,一直延伸到平原地带。为了方便进出,穴居模式也逐步演变为半穴居模式。洞口的围合作用逐步降低,逐渐被房顶取代。到了后期,穴居的屋顶也越来越大,越来越精巧。在这一时期,立柱因其所具备的承重性,得到广泛应用,北方民居建筑的承重不再完全依赖墙体,木构框架结构体系开始出现,这便是"墙倒屋不塌"的独特的东方建筑艺术,与西方早期以笨重的墙体作为承重墙的建筑方式有着显著的区别。

除了地穴式住居之外,北方的人们还会选择半地下的浅洞作为居室的主体部分,然后在上面盖上茅草或者木料,做成顶盖,外观呈圆锥形或者是人字形,这就是半地穴式的民居建筑。

南方的干栏式建筑(巢居)和北方的地穴式、半地穴式建筑(穴居)一起构成了原始社会中国人最早的家园,也是中国民居的雏形。

民居
课堂

揭秘独特的母系社会房屋形式

根据现有的考古资料可知，我国母系社会房屋有很多独特的形式。有的采取半地穴式，从地面开始往下挖一个浅坑，坑壁用来做墙，坑口的地方搭屋顶；也有的是全部建筑在地面上。

但不管哪一种，早期民居墙壁都很低矮，高度也不过一米。房屋平面分成圆形和方形，面积都很小，至多容纳三四人居住。如果大一点的房屋，就要设立一些柱子来支撑屋顶。

由于墙壁太矮，因此房门也不是开在墙上而是开在屋顶上。用草绳和木棍一起编成篱笆做成墙芯，外侧涂抹黄泥。墙壁上方向外倾斜，最上面连着屋顶。

这种独特的母系社会民居造型，被称之为"鼓腹外倾"。

初现风采的夏商周民居

夏商民居，私有制下绽放的民居建筑之花

　　原始社会末期，氏族首领开始出现，开始了公有制向私有制的过渡。自夏朝建立后，公有制至此正式画上句号。夏朝生产力较原始社会虽有所提升，但总体而言还是比较落后，在一定程度上限制了建筑技术的发展。夏朝建筑大体延续了原始社会旧居的风格和模式，只在其基础上略加改进。民居产生质的飞跃的时期，是商中后期。

　　夏朝的早期建筑，采取的多是半地穴和平面建筑形式，房屋平面形状又以直径5米左右的圆形居多。到了中期，则以方形平面浅穴为主，只有一部分呈现出圆角方形的态势。到了晚期，则以长方形平面浅穴为主。

　　夏朝民居平面形式从圆形向方形转变的同时，室内的平面也逐渐抬高，随着室内平面不断抬高，人们在建筑时越来越注重通风和采光，此时的民居建筑与原始社会时期相比，也变得越来越适宜人类的居住。

到了商朝，在很多北方地区，人们仍然保留了原始的半地穴式民居建筑的形式，这是因为半地穴式民居建筑形式不仅可以保证房屋拥有较为稳固的地基和墙面，而且还有冬暖夏凉的奇特功效。

在房屋的选址及朝向上，商朝人也有了自己新的考虑，他们倾向于选择将自己的房屋建在水和树木都比较多的地方，用圭、表等仪器来测量日影方位，选择土质干燥的地方建造房子的地基。

另外，在商朝时，随着木构架和夯土墙垣的不断推广，地面建筑开始逐步普及。在这一时期，高大的建筑物出现，带台基的高台建筑广受追捧，能够满足人们日益增长的居住需求的地面分室建筑，也得到越来越多人的认可。

高台民居

夏商两朝承上启下，彼此呼应，共同成为为中华民居建筑史奠基的王朝。后世很多传统民居建筑的规则和示范，都是在夏商时期完成的。夏商之后，中国大地上的建筑活动日益活跃，民居建筑之花，在华夏大地上开得更加多彩绚烂。

实现跨越式发展的周朝民居

周朝民居与夏商相比，生产力进一步得到解放和发展。尤其是青铜器作为建筑工具开始广泛使用，让周朝的民居在制作方法和组合样式上都大为改进，较之前朝呈现出跨越式发展。

民居发展到周朝，建筑大多由地下逐渐升到地面之上。但是这种演变是润物细无声的，并不是一步就从穴居跨到了地面建筑。根据各地出土的周代建筑遗址可以看出，远古时期的穴居、巢居和半穴居在周朝的大地上都有着普遍的分布。因此，周朝可以说是一座琳琅满目的古民居博物馆，也是民居营建真正走向辉煌的起点。

在周朝时期，住宅形态大概可分为三种。

一种是陶复陶穴。陶复陶穴实际上就相当于地穴和半地穴式的民居，这是较为原始的民居建筑形式。

一种是"一堂二内"。所谓一堂二内，指的是一间屋子分成三个单位，两旁的寝室拱卫中间的厅堂。这种民居形态的出现得益于周朝时土石瓦等建筑材料的广泛运用。

还有一种是环堵屋宇。环堵屋宇，即将夯土围成的方形屋壁围在屋宇四周，内宅分成"房""室""厅堂"等几个建筑居住空间，彼此之间不是用土石墙作为隔断，而是采取屏风、纸门和帷幕等物品。

周朝的建筑制式和体系都已较为完备，无论是单体还是群落建筑，都沿着中轴线进行设计布置，并严格遵循左宗右社、前朝后寝的建筑法则。这套

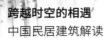

法则在后世的建筑包括民居建筑中被严格遵循下来，深刻影响着中国传统建筑长达数千年。这种民居建筑的营建理念，其实已经跟后世的四合院的理念非常相似。

漫|话|建|筑

我国最古老的四合院

我国有记载以来最早的四合院，是著名的西周初期的陕西岐山的凤雏遗址，其布局非常规整。院子分为二进，影壁、大门、前堂、后室，在中轴线上一字排开，非常雄浑气派。回廊连接前后堂，大门前堂后室的两侧都是厢房，共同营造出内围庭院空间。院落周围有檐廊环绕，生活设施也很完备，用排水的陶管和卵石垒成暗沟，设在房屋的基址之下。

这是目前所知的我国首次呈现前堂后室格局，并且外用夯土墙，内用木桩，彼此围合而成，还用排水管排出雨水和生活污水的建筑。这是我国最早的四合院实物，可见四合院这种民居方式，在我国的历史至少有三千多年。

周朝民居之所以能够飞速发展，跟当时作为主要建筑材料的瓦、砖和陶管的出现密切相关。

在周朝，民居墙体支撑多采取纵架和横架的方式，夯土垒墙，屋顶铺瓦。陶瓦在周朝初期，就已经得到应用。但当时应用的范围比较狭窄，只用在屋脊和檐口。种类也较少，只有简瓦和板瓦两种。

到了中期，陶瓦外形变得形状不一，应用的范围也从屋脊和檐口延伸出去，直到覆盖整个屋顶。为了保护檐口木椽，还出现了半圆形的瓦当。到了西周晚期，又出现了体型较大且有花纹的方砖。方砖多用于地面铺设或是包裹夯土墙，是实用性和装饰性兼备的建筑材料，用来排水的陶管也开始应用于民居建筑，并且造型多变，富有美感。

周朝时，为了增加居室木柱的稳定性，人们开始在柱子下面安装柱基，或是在夯土墙中立柱子，以便让建筑更加经久耐用。

周朝民居建筑的一大美学贡献，是高台大屋上出现斗拱。这种特有的飞檐斗拱，是周朝建筑的最大特色之一。这是由于周朝时期，木构架已经成为主要建筑结构形式，斗拱就在这种形式下应运而生。斗与拱，都是支承构件，在建筑的立柱和横梁交接的地方广泛应用。作为结构承重物，能让屋檐极大程度进行外伸，如同一只振翅欲飞的凤凰，具有极致的东方建筑之美。

传统建筑诸多元素在周朝的时候已经出现，夯土技术、木构技术、立面造型、平面布局技巧都已经成熟，对色彩和装饰的广泛使用，已经让民居室内装饰变得相当华丽。周朝民居已经是古典民居的集大成者，之后的民居则在周朝的基础上不断进行完善和发展。

见证秦汉大一统时代的民居发展

秦砖汉瓦，传统民居建筑体系形成时期

秦朝立国不过十几年左右，像一颗流星划过历史的天空。秦朝虽然建国时间短，但秦朝建筑在中国民居建筑史上有着非常重要的地位。秦始皇聚集六国能工巧匠于咸阳大兴土木，大大推动了中国建筑的发展，尤其是施工质量和建筑艺术的提高，更促进了建筑样式的极大丰富。

我国传统民居建筑，肇始于新石器时期，在秦汉时期迎来第一个高峰。秦汉的民居有雄浑豪迈的气势，其中模式化和统一化是其建筑的理念和发展的趋势。

秦汉时住宅院落空间已经呈现出长方形或正方形态势，民居中大致呈现出"田"字平面布局。庭院则由两个方形"内"组成，房屋布局也有了内外之分。秦砖汉瓦是秦汉建筑之风骨，此时砖瓦木结构被广泛应用于南北建筑，共同推进了民居的发展。秦汉两朝前后承接，风格相近，故而相提并论。

跟其他朝代不同的一点是，秦汉时期楼居风气盛行一时。这种向空中要求建筑面积的建筑方式，进一步拓宽了人们的生活居住半径，房屋的通透性和采光度都得以大幅度提升，因此受到人们的广泛欢迎。而且大规模民居建造的时候，开始将礼制观念引入到建筑设计理念之中。比如，在楼梯设计中有了主客之别，入口处设置两个楼梯，主人用左边，客人用右边。

一些大的民居宅第之中，还出现了望楼，这种建筑既有实用功能又富有美感；既能方便主人登高望远，游目骋怀，又能在乱世中作为瞭望塔，发现险情及时发出预警。无论是单层的房屋还是多层的楼房，大多采用木构架。房顶也已经出现五种固定形式，即悬山、庑殿、囤顶、歇山、攒尖。其中，庑殿顶和披檐共同构成了重檐，绘就出了传统建筑中最为浓墨重彩的一笔。

但是楼居也有其弊端，即缺乏有效的防寒措施。一到冬天，天气寒冷，木楼建筑物的缝隙较大，不利于防风保暖。寒风不断从木楼的缝隙中吹进，时间长了，人们容易患风湿方面的疾病。因此，这种建筑方式并不适宜人们居住，后来建得越来越少，逐渐退出了民居舞台。

秦汉的民居院落之中，已经出现了方便人行走的环廊，大门也设计成更为雄伟的双阙形式。横长方形和圆形的窗户作为固定的建筑规则被确立，民居的形式得到了极大发展，并固定下来。

秦汉的民居建筑相较于前朝，除了注重整体的结构之外，还非常重视地面的铺设，讲究地面的平整规则，常用带花纹的方形地砖铺地。墙面的建筑异常讲究，建造的时候，先将粗泥加入禾茎打底，外面再拿加了米糠的细泥把表面涂抹平滑，最后才用白灰涂刷，这样刷出来的墙面，四白落地，室内显得更加明朗，墙面也更加平整坚实。

当时室内最具装饰性的陈设，当属屏风。屏风既能作为内外的隔断使用，又有极强的装饰性，故而在秦汉非常流行。到了汉代，我国传统民居的外观、结构、形制已经全部具备，各种类型的建筑元素和部件也已经陆续出现。可以说，传统民居建筑体系，在汉朝已经形成。

🌿 中有仙人居——两汉院落楼阁之美

两汉时期，是传统建筑技术大发展的关键时期。尤其是木结构营建的大范围应用，为进一步拓宽室内空间、丰富民居建造式样做了技术方面的储备。建筑空间形态表现得更加多元，在传统的长方形与正方形基础上，又加入了彰显威仪的"高台建筑"，在民居中，还出现了由单体建筑自由组合的院落建筑，以及单体建筑彼此连通的开放式建筑体，日益丰富的建筑类型，让两汉民居变得更加精美。

◎ 围合式的院落建筑，中国人礼乐教化下的产物

院落建筑是建筑形式中的组合式，更增加了民居的生活气息和实用功能。通过进一步拆分建筑空间，延伸空间内部，房屋增多，内部面积变大，空间变得更疏朗，居住更为舒适，故而受到从上至下的一致欢迎。

这种民居建筑的根本特点是将连在一起的堂和室进行拆分，厅堂从私宅中分离，变成公共生活空间，用以接待和宴饮。加上汉代的礼制进一步发展，人们更加讲究长幼尊卑，家庭成员结构发生变化，要各得其所，就需要更大的生活空间，因此更广阔、功能性更强的空间新布局产生了。

此时的民居建筑方式，已经从单体建筑向院落式建筑聚落群转变，平

面形态更为丰富，堂和室分开，厅堂与门往前移，内室向后挪，正室也沿轴线后退，组成围合式的院落布局。这种崭新的组合方式，为世人留下很多经典的建筑，后世传统建筑，基本都遵循此模式落成。有体积庞大筑有城墙的"城"，有宗族祭祀的"庙"，有生活场所"宅"。其中，作为民居的"宅"是最常见的一种形式。

◎ 缥缈的楼阁建筑，彰显天人合一的人文情怀

如果汉代的庭院建筑追求的是横向空间的奢华空间规模，那么楼阁建筑则是纵向空间的一种组合，是汉朝人"天人合一"思想的产物。建筑中遵循仰天法地原则，认为"仙人好楼居"，在此思想基础上产生了高大的楼阁建筑。

楼阁玲珑五云起，玲珑的楼阁的诞生，为后世的众多建筑范式提供了参考的范本。其中，多层塔式、干栏式、组合式等楼阁样式，成为汉代楼阁的主流。这些楼阁加入民居的营建之中，不仅增加了民居的文化内涵和底蕴，也拓宽了民居的居住空间，使其更具包容性。民居从此变得更加典雅和富丽，成为实用性和美观性兼具的传统建筑瑰宝。

根据现存的文物和遗迹可以看出，干栏式楼阁建筑的下层作为畜栏，上层住人，这种建筑方式以南方较为多见。从出土的干栏式陶楼里面，可以看出此类民居的下层与畜栏连在一起，中间没有隔断，只在附近的围墙打洞，但也有些民居里会出现排列紧密的房间。干栏式民居已经非常注重建筑的实用性，要求同时满足人和牲畜的居住需求，是典型的农耕文明在建筑中的表现。

两汉时期的民居，继承了"前堂后室"的礼法和建筑布局，技术日益精湛，空间设计更加合理。两汉都将"礼乐升仙"作为共同的追求，在民居

中，往往既追求民居建筑物横向的空间体量，也追求纵向的延伸度。两汉民居在形制与类别上均更为多样，除了满足实用功能外，也强调价值观念的展现。民居的表现空间与象征意味共同组成系统的民居建筑体系。这一时期的民居，可以说是反映两汉社会生活变革的活化石，为研究两汉的社会风俗和空间营造，提供了栩栩如生的一手材料。

于魏晋南北朝的民居之间悠然见南山

心有所思

　　魏晋南北朝时期是我国历史上一个文化大繁荣时期，你知道这个时期的民居在多民族文化碰撞和融合下，又产生了什么巧妙的化学反应，呈现出哪些独特的风格吗？我们就来一起了解一下吧。

　　魏晋南北朝长达300余年，这300多年是中华民族大分裂、大动乱的时期。纷乱加剧了文化的融合，各种民居建筑形式都于此时出现百花齐放的态势，并日趋成熟，为迎来隋唐时期的另一民居建筑高峰打下了基础。

魏晋南北朝民居——于乱世中持续发展

在长达 300 多年的魏晋南北朝乱世中，中国民居建筑依然持续发展，这首先体现在房屋的构件尤其是木构架形式的发展上。

这一时期的民居虽然并无遗址及出土实物可以佐证，但从文献中可以看出，房屋的构件在继承了两汉传统的基础上，也产生了很多新的特点。台基外侧开始出现砖砌的散水，柱础也出现了复盆和莲瓣两种形式，复斗式藻井开始广泛应用于室内。

从北魏开始，民居建筑中的木构架形式已经由一行柱列上托着长数间的阑额，改成每间都有一阑额插进两边柱顶的侧面，用以拉结和支撑，加强柱网的抗倾斜能力。由柱头枋和斗拱组合的水平铺作层也已经出现，构架的整体稳定性加强。此时，中小型建筑已经可以摆脱土木实现全木构建了，但大型的民居建筑，仍需采取土木混合结构。

魏晋南北朝时，楼阁式民居也有显著发展。

这一时期的楼阁民居建筑式样包罗万象，既有传统的方形，也有"一"字形、曲尺形、三合式、四合式、"日"字形等新型结构。一堂二室的基本结构依然得以延续，并且都带有大小不等的庭院。相较于大型民居，小型住宅营建更加精巧自由。房屋多沿着中轴线进行排列，以四合院的方式共同组成建筑群，包围墙和廊屋，建成封闭式民居。

魏晋南北朝时期的建筑还有一个优势，就是砖瓦无论是产量还是质量，都有大幅度提升。

瓦当是东汉时期的装饰特征的延续，随着佛教的传入又出现新的变化，在边轮以一圈短路线纹带或锯齿纹带作为装饰的云纹瓦当开始出现。在北方，以"富贵万岁"等文字瓦当较常见。这些瓦当精美如同艺术品，上面除了云纹、莲花纹、兽面纹等，还出现了比较新奇的忍冬纹、生莲纹、涡纹、人面纹等。

在装饰上，魏晋时的人们偏爱于装饰民居建筑中的天花，当时的天花有方格和长方格两种平嵌形式，还出现了用长方形拼成人字形顶棚的天花样式。从壁画中可以看出，当时的天花已经出现了彩绘，这些彩绘主要以莲花为题材。盛开的莲花作为天花的圆光，柱头和柱础则多采取莲瓣形式，就连柱身中段也有用莲花做成的"束莲柱"，很有特点。

魏晋南北朝民居特点——崇尚自然，天人合一

魏晋南北朝民居建筑发展的一大特点，就是呈现自然化的发展，崇尚自然，天人合一。

魏晋时期，玄学之风盛行，人们向往"采菊东篱下，悠然见南山"的自然生活，民居建筑中的园林艺术得到长足发展。在北魏晚期，贵族宅第的形式往往是前宅后园，其中亭台楼阁、土山叠石的造园艺术，较之从前有了很大提高。

为了更好地将民居融入自然园林之中，人们通过各种巧妙的借景方式，以虚实相间的营造方式，把人工筑造的民居和大自然的真山真水融合起来。这样一来，天光云水，小桥怪石，都巧妙地被纳入民居建筑布局之中，民居的格局从整体看来，更加浪漫自然，也跟周围的景物浑然一体。这种自然超脱的民居筑造风格，已经超出了建筑的范畴，融入了哲学思想，闪烁着天人合一的可贵光芒。

第三章

隋唐至近代的传统民居

尽显古老中国的绰约风姿

隋唐时期是中国封建社会的高峰，社会生产力的
蓬勃发展催开了烂漫的民居之花。隋唐时期的民居，
站在魏晋南北朝的肩膀上有了进一步的发展。连绵
的各式民居，共同组成了繁华的隋唐市井，令人目不
暇接。

隋唐盛世下的繁华市井

心有所思

　　民居文化是一本反映世情的大书，隋唐王朝的雍容开放，投射到民居，让隋唐民居也呈现出大气恢宏的特质，至今都留给世人无尽的思索和回味。那么，你能说出一些隋唐时期的民居建筑样式吗？你能说一下你为什么喜欢它吗？接下来让我们从民居中感受隋风唐韵。

布局多样的隋唐民居

隋唐盛世，在物质文明与精神文明高度繁荣的背景之下，民居建筑自然也得到了快速的发展。

当时的贵族宅第多采取乌头门，住宅之内，两座主要房屋之间，用带有直棂窗的回廊连成四合院，房屋的布局已经呈现出多样化态势，并不拘泥于完全对称的方式。

跟贵族宅第不同的是，隋唐乡村的民居建设则更为活泼自然。乡村民居布局更加紧凑，摒弃了回廊，而是以房屋直接围绕成狭长的四合院。除了四合院之外，还有布局紧凑、用竹篱茅屋组成的三合院。通过雕刻和绘画不难看出当时的民居依然遵循沿着中轴线左右对称的平面布局。房屋的建筑材料也更为丰富，除了秦汉时就已经出现的砖瓦竹木之外，还有铜、铁、琉璃等，这些建筑材料在隋唐民居中的应用技巧已经达到纯熟的地步。

到了盛唐，国力日渐强盛，民居的建筑式样也日益多元，贵族不但热衷于在宅第进行自然式园林的筑造，还去风景优美的郊外营建别墅。在民间和乡野，人们也热衷于结庐而居，三间茅屋，疏篱几座，在远离红尘喧嚣的地方，做一个尘世的逍遥之人。虽然各种民居营建方式有所不同，但对自然田园的向往，以及对心灵自由的追逐，则是异曲同工的。

漫|话|建|筑

从唐三彩中看隋唐民居建筑

1959 年在西安郊区的中堡村出土的一组唐三彩建筑模型，为我们提供了隋唐民居建筑实例。这个模型展示的是一个长方形的两进院落式民居，院落由前堂、后寝、廊房、亭台和园林共同构成，体现出传统民居建筑空间封闭方正的特色，园林部分则错落有致，展示出隋唐时期成熟的民居建筑布局技巧。

而在西安市长安区灵昭乡出土的另外一个唐三彩民居模型，则展现了另外一种民居建筑风格。该民居由九座不同规格的房屋构成典型的隋唐时期的庭院，其中有门、堂、后室，东西厢房分布在院落两侧，中间厢房高大，两侧较小，造型为悬山式，房屋两侧有山墙，门开在中间，下面有长方形方板；后室也为悬山式，门前有四根明柱，中间有一门，下有长方形方板；两座悬山式大厢房，设有山墙与后墙，前面二根明柱，下有长方形方板；其余的有五间悬山式堂与厢房，有山墙与后墙。前敞，下有长方形方板。房顶设有瓦脊，上有绿釉彩，其余部位则施白釉。院落内还有水井及豢养鸡豚狗龘等牲畜，一派浓郁的生活气息。

🌐 隋唐民居特色

隋唐时期，民居建筑中的木构架技术有了显著发展，民居建筑与木构架设置之间有固定的比例关系，这使得民居的建造结构更为合理。另外，这时候的木构架中的各种构件本身也有相应的比例关系，这是为了适应当时建筑越来越规范化的发展趋势。

在隋唐屋顶建筑形式上，最重要的房屋采取重檐，其次采取庑殿顶的形式，普通的房屋多采取歇山顶和攒尖顶的形式。歇山顶收山的时候，山花向内凹进，下方的博脊也随之凹入进去，上面安装博风板和悬鱼。在建筑中，共同组成主次分明的斗拱飞檐。

唐朝时，长安城实行里坊制度，即住宅区与商业区分离，将住宅区建在高高的城墙之内，整个区域统一规整、结构清晰。其中的民居院落由城墙、坊墙和自身的房屋围墙三面共同围合而成，形成一派繁华市井的景象。

总的来说，隋唐时期的民居整齐划一却不显呆板，精巧富丽却不觉浮夸，纤巧柔美却不显单薄，彰显出隋唐绚丽的建筑成就。

宋元闹市中的静谧小院

心有所思

　　两宋是中国历史上极为风雅的朝代，两宋时期的民居，也如同两宋的艺术一样温润，如同尘世的一点清心，让人心向往之。那么，你知道宋朝民居相较于隋唐的民居，有什么特色吗？你能结合《清明上河图》和宋代文学，谈一谈你对宋朝人生活方式的看法吗？

在寻常巷陌中感受宋代民居的风雅

　　民居建筑发展到宋代，营造水平已经极其高超。在以风雅著称的宋朝，人们格外注重住宅的营建，以体现其风雅气质。而随着文化艺术的空前繁荣，民居的建设水平也突飞猛进。

在宋代，城市中已经有了高度发达的商业建筑。为了增加建筑面积，临街大多是楼房，向空中要住房面积，室内生活居住空间开始增大。空间一大，门窗和整个木架结构必然也随之增大，室内不再狭窄得仅能容膝，坐式家具得到普遍的应用，席地而坐的情景（除非是文人墨客坐而论道）在生活中已经很少见了。此时，民居最显著的变化是之前的干栏式木地板不见了，取而代之的是泥土铺就的硬地面。

宋朝的民居，实例并不多见。但我们可从当时流传的文学作品和绘画中一窥宋人的风雅，看一看当时民居的陈设和建筑的样式。比如在张择端的《清明上河图》中，就能看到北宋都城汴梁人烟辐辏的景象，当时的长街上民居林立，屋顶多采用悬山或者是歇山的式样。只有少数茅屋瓦顶，大多数以竹棚当作平房的披檐。如果是较大的四合院，门屋的勾连和抱厦都已经出现。

贵族的宅第中，大门依然采取乌头门的形式，并设有门屋。为了方便车马进出，还有"断砌造"。为了增加使用面积，院子周围用廊屋代替回廊。虽然布局依然是前堂后寝，但是，前厅后堂和寝室之间用穿廊连成"丁"字形或"工"字形，或者是"王"字形的平面。为了方便生活，前堂后寝两侧出现了耳房和偏院。

乡村民居虽然不如城市民居的规模和建筑，但依然有了明显的进步。住宅周围围上了篱笆，筑起了院墙，安上了各种形状的大门。富裕乡绅还在院子里建了照壁，整体规模和构建已经跟后世非常相似。

值得一提的是，宋代民居的装饰艺术也呈现出惊人的想象力，受宋代整体风雅艺术的影响，民居的建设已经不满足于仅实现居住功能了，而是越来越注重感官的愉悦。住宅的外形轮廓变得更加优美，屋檐上扬，屋面凹下，次间柱子上端向内倾斜，从不同的角度来看就有不同的美感。

从元代民居中感受游牧民族的古朴雄浑

元代虽然立国不足百年，但是民居的营建却不落人后。雄浑的草原风吹进中原大地，给元代的民居赋予了独特的魅力，形成了多种风格杂糅的局面，不同风格和类型都接连涌现，为明清民居的发展指明了路径。

元朝结束了宋金的乱世，民族文化再度融合。多民族聚居让民居的建筑再次呈现出百花齐放的局面，新类型和新样式源源不断地涌入中土，让元朝的民居别开生面。

在元朝，为了满足居住面积的需要，院落布局和"工"字形房屋深入人心，这种形制的民居，实际上就是我们现在看到的四合院的前身。

从位于山西省临汾市洪洞县赵城镇东街武营巷的元代民居中，我们大体能感受到元代民居的风貌。

这所民居平面呈方形，占地近450平方米，采取四合院形式，整栋房屋由正房、东西厢房、南房、二门等组成。大门开在东南方向，二门开在东房与南房的间隙处。院内以北房三间，进深四椽，木构二层，屋顶采取悬山顶。出檐深远，屋面平缓。梁枋从一层柱间穿出，用来支撑二层回廊，回廊间有方形望柱，望柱四周雕刻万安形护栏板，用料朴拙，做工简朴。东西各三间厢房，屋顶采取悬山顶，比主房略低，南房三间同样采取悬山顶的方式，厕所位于院落西南角。总的来说，这是一栋生活设施完备，建筑古朴的民居。

从赵城元代民居建筑布局的整体来看，这一时期民居已发展成完善的对称式四合院。建筑设计以便于生活为核心，依据传统的阳宅风水学说，讲究

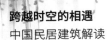

门、主、灶相互环生。木结构建筑用材实用结实，不加雕饰，体现了元代游牧民族古朴雄浑的性格特点。

漫|话|建|筑

姬氏民居

　　现在保存最完整的元代土木结构民居是姬氏民居，这也是我国现存元代民居孤本。

　　姬氏民居位于山西高平市城东北 18 公里的陈区镇中庄村。姬氏民居不是整栋民居，仅仅是一个民居单位的北房，坐北向南，建在一个高 42 厘米的砂岩石台基上。建筑由四只石柱进行支撑，青石门墩上刻有"大元国至元三十一年"等字样。民居呈矩形，面阔三间，进深六椽。屋顶呈悬山式，举折平缓。七檩前出廊，前有砂岩石柱四根，用以支撑檐面。四椽梁，二四伏间施单步梁。柱头施以普柏坊成一线，使房子平面呈"凹"形。门顶至柱子起，上施一层棚板，三间通施，柱础为方形，青石门墩，砂岩门槛，门上有木质门框，钉有五行盖钉，每行五钉。门槛、立颊、门额皆为木质，外加木雕花边，以双重五齿花瓣条边打底，上有牡丹图案。从左门墩文字来看，姬氏民居建于 1294 年，已经经历了 700 多年的风吹雨打，风格因袭宋金，是我国不可多得的民居活化石。

明清民居建筑日趋定型

魅力不减的明清民居

　　明清是封建社会的最后两个王朝，在中国建筑巅峰之后，明清民居却不显得日薄西山，反而因为他们跟现代社会离得更近，更容易让现代人理解，所以依然有着夺目的光彩，至今散发着经久不衰的魅力。明清时期，各地民居形式都已基本定型。其特点和技术较之于从前，都有了长足的进步，建筑组合和氛围塑造更是成就斐然。

　　这一时期，由于民间制砖技术的提升，砖建的房屋数量激增，城墙基本都以砖包砌，延长了建筑物的使用寿命。木材和石料的使用也大大普及，各种砖雕石刻，精美绝伦，无不体现着明清民居建筑的精湛工艺。大型建筑也不再依靠大型原木作为梁栋，而是出现砖建的"无梁殿"。清代的夯土、琉璃和木工技术也发展迅速，虽然这些工艺多体现于皇家园林的建筑，但是富裕人家的住宅也追求富丽堂皇，因此极大推动了民居的发展。明清民居建筑的特点主要体现在构造和装饰艺术方面，清代木结构的民居开始定型。

由于各地区民俗和环境的不同，使区域特色开始凸显。北方民居多大气严肃，南方则轻巧活泼，呈现出百花齐放的态势。不同的民居特色，也跟其所在地的气候密切相关。北方苦寒，一到冬天，防寒保暖就成头等大事，因此北方民居墙体较厚，屋面有保温层，加上需要负荷雨雪，建筑材料多采取真材实料，外观看上去非常气派。

南方由于炎热多雨，通风防潮就成为民居建设首要考虑的问题。南方墙体多用木板和篱笆承载，屋面墙体都较为轻薄，出檐大，用料精细，结构玲珑精巧。

汉族北方民居既有单独的平房，也有两进、三进甚至多进的合院式的院落民居，呈现一个或多个纵列式排列的样式。东北则有大院，这是基于停马车和盖马厩方面的考虑，所以必然要有一个大院子。

由于气候的原因，晋陕合院式民居建筑的东西向院子较窄，院落呈现工字形，叫作窄院民居。而青海东部的农耕区域，为了适应当地寒冷干燥的气候，就地取材，在汉文化和地方文化的交融下，产生了一种叫作庄巢的乡土民居类型，受到当地人的广泛喜爱。

在甘、陕、晋、豫等地区，窑洞也很盛行，这种生土建筑体系可以分为三种：其一是在山崖直接挖洞成窑，叫作靠山窑；其二是在平坦地带向下挖土做成四壁聚合的天井，在周围挖成窑洞的方式，叫作井窑，这种井窑在河南称作"天井院"，甘肃叫"洞子院"，山西叫"地窖院"；还有一种是用土坯或砖石当作承重结构，建造出拱形房屋，称为箍窑，这种窑居冬暖夏凉，施工简便，造价低廉，是广受当地人喜爱的民居类型。

作为北方民居的代表，老北京四合院院子宽阔，四面房屋彼此独立，用游廊进行联接，既美观又方便。为了御寒，墙体都很厚重。北方多风沙，为了防噪音和风沙，四周不开窗，只留临街的街门进出。房子采光的窗户只开在朝向内庭院的一面，房子都朝向院落开门。因此，建成封闭式的四合院建筑，房门一关，就是家天下，一家人看书弹琴，度过漫漫长日，享受天伦之乐。为了延长日照时间，四合院的院落都很大，方便阳光朗照院子里的每一寸角落。院子里可开一畦菜地，可养数只鸟雀，可种一池莲花，可安放土山，可叠石造景，将造化浓缩于方寸之间，别有一番佳趣。

和北方相对，南方的民居则是追求小而美的典范。由于天热，南方地区的住宅院落一般较小，跟四周房屋相连，俗称"一颗印"，这也是典型环境中的典型民居式样。在江浙，很多民居里都有天井，这样一方面是为了更好地采光通风，另一方面是为了减少直射的太阳光，增加阴凉。

南方民居类型中，以沿袭中原地区传入南方的合院式民居为主流，成为中庭式民居，也有人称作天井式民居。由于南方潮湿多雨，院子不宜过大，建筑包围天井，排列较为密集。南方民居既要求光照，又要遮阳避雨，所以廊檐和厅堂、门窗、隔断，都成为南方民居不可或缺的要素。为了追求开阔，有些南方民居干脆连天花板都不设。

南方多湖泊水面，因此民居也多是墙头马上，粉墙黛瓦，如同尘世的一点清心，抚平人心的焦虑，让人心向往之。南方山墙，往往做成"封火山墙"，这种山墙是对硬山的夸张式处理。在人口辐辏的南方都市，这种比屋顶还高的山墙，不仅能防火，更是一种极为精巧别致的建筑装饰，令人印象深刻。

南方民居两进和三进的中小型较多。此外，南方百姓注重对子侄的教育，注意家中书香氛围的营造，因此民居多建造庭园和书斋，这又可分三种类型。

第一种是在民居旁设立书斋，或者是将书斋独立出来，这叫作独立式书斋，也是民居形式的一种；第二种是将园林独立设置，住宅园林比邻而居，但互为独立，有小门相通；第三种是将住宅、书斋和庭院组合在一起，以住宅为主，斋园为辅。住宅安身，书斋怡情，园林养性，这是传统中国人最为推崇的一种民居样式。

在闽南和粤东的大中型民居之中，还有一种祀宅合一的民居。特征是在民居的后堂设立祠堂，用来祭天祭祖。广东潮州的一些民居后堂之中，还设有神龛，供奉祖先牌位，外面雕金琢玉，显示对祖先的崇敬。

除了以上的民居样式之外，南方还有一种特殊形式的民居类型——防御式民居，这种民居主要有聚居和防御两种功用。驰名中外的福建土楼和广东开平碉楼都是其中的佼佼者。明末的福建、广东等东南沿海地区也建有这种防御式的圆楼，称为"寨"，用来抵御倭寇的骚扰。

漫｜话｜建｜筑

少数民族民居——自然环境下孕育的民族之花

明清时期，不但中原地区的民居呈现出百花齐放的特色。西南边陲的民居更是继承了传统民居的建筑样式，成为传统民居的活化石，为后来的研究者提供珍贵的一手资料。云南的西双版纳民居，就是其中的佼佼者。西双版纳民居继承了传统干栏式民居的特色，有着良好的通风透气性，把民居首层架空后，就能有效隔绝空气，避免首层地板潮湿，也能避免虫蛇侵扰；在西藏高寒地区，民居采取厚墙小门窗的营建方式，这是为了加强保暖效果；西北地区的窑洞是开在黄土高原上的独特民居，黄土高原天气干燥，厚厚的黏土层深至十米甚至百余米，制成的窑洞不用担心坍塌，冬暖夏凉，既能防火，又能隔绝噪音，还能节省土地，节约人力物力。

自然环境对建筑有着极大的影响，中国人的民居，是"天人合一"思想的最大呈现。

明清民居的鲜明特色

从明代开始，民居地方特色变得更为显著，并且从建筑的规模到营造的规则都日趋程式化。由于民族和地域的不同，因此民居结构布局也风格迥异。由于自然条件和社会心理因素与北京接近，因此黄河中下游的民居无论是布局结构还是装饰，都跟北京的四合院大致相仿，但因黄河中下游南部又与江苏接壤，也不免受到江南民居的影响。对此，黄河中下游的民居就以北京四合院的形式为主，杂糅江南民居的特点，呈现出南北兼顾的风格。在室内装潢上，无论是苏式彩绘，还是云墙、漏窗以及花砖铺地，都彰显出浓郁的江南民居特色，江南民居中特有的"轩"也在黄河中下游民居中有所应用。

在艺术风格方面，明清民居在北方厚重粗犷的传统风格之外，又融入了江南水乡的优雅轻灵。在建筑规模上，大规模的宅第和中小型的民居共存，一同构成了传统民居艺术最后一个高潮。

在民居艺术方面，明清两代大大减少了斗拱的使用，出檐的深度缩短，拉长明柱的比例。柱子的生起、侧脚和卷杀都从这一时期的民居构造中消失，梁枋比例更加沉重，屋顶线条由柔和转向沉闷约束，跟唐末截然不同。

在民居造型艺术方面，民居创造更加小巧精致，富有变化，特别是南北交融更是赋予了明清民居独特的风格。汉族民居除了少数地区采取窑洞式建筑之外，木构架结构系统的院落式民居，基本上是明清民居的主流。

明清时候的人们追求心灵的自由，推崇恬淡之美。虽然民居风格较前代略微拘束，但是对室内的装饰异常重视。南方民居甚至在封火墙上都匠心独运，营造出瑰丽的艺术效果。北方四合院中，垂花门的建筑风靡全国，为民居增添了风流蕴藉之美。

中西合璧的民国建筑

心有所思

民国离我们生活的时代最近，随着各种民国剧的热播，那些中西合璧的民国民居，也成为萦绕在中国人心头的一缕暗香，散发着经久不散的芬芳。那么，你知道有哪些著名的民国民居吗？你知道它们各自都有什么特点吗？

近代史上的欧风美雨，敲开了清政府的大门，也影响了晚清的建筑形式。随着欧洲建筑式样纷纷登陆中国，中国近代史上兴起建造西洋建筑的潮流。20 世纪 20 年代之后，又出现了仿古建筑或对古建筑进行改造的另一潮流。这种潮流影响了 20 世纪中国建筑文化，也为中国近代建筑史留下了独特的印记。

世纪沧桑话碉楼

广东省江门市下辖的开平市内的开平碉楼，最早建于清初，20 世纪二三十年代达到营建高峰。这是岭南华侨归国后兴建的，鼎盛时期达到 3000 多座，随着风吹浪打，现在仅剩不到一半。

开平碉楼

侨乡开平有着独特的景色，西洋风格的小楼与传统中国民居交相掩映，成为乡间一景，似乎有人使出移地之法，将中世纪城堡搬到了岭南，还送给他们多利克列柱与哥特式的尖拱。这里的一杯一盏、一草一木都蕴藏着独特的匠心，彰显着主人不同流俗的生活品位，欧式的窗楣和窗帘诉说着异域风情，身后的飞檐和斗拱又分明是在中国的乡野。

这些神秘的西洋建筑将文艺复兴的建筑理念和中式的砖雕影壁奇妙地融合在一起，既风流蕴藉，又富丽堂皇。这1000多座碉楼散落在开平郊外，有厚重的混凝土外墙、沉重的铁门、高高的围栏，给人一种生人勿进的感觉。建筑上部装饰又融汇中西，富丽烦琐，彰显出主人不俗的经济实力。

开平碉楼有很多种类型，如果按照建筑材料来划分，可以分为钢筋水泥楼、青砖楼和石楼等。

钢筋水泥楼明显具有浓厚的西方特色，这种碉楼的用料都是水泥、石头和钢筋，非常坚固，造价也非常高。所谓青砖楼，实际上就是在泥楼上镶嵌一层青色的砖，用这种方法建造的碉楼不仅牢固，而且美观，深得当地人的青睐。石楼中的石头都是采用山石或者鹅卵石，其外形与青砖楼相比稍逊色一些，但是也很坚固耐用，这种碉楼一般只在大沙等地区才有，数量不多。

如果按照使用功能来划分，开平碉楼又可以分为居楼、众楼、更楼等类型。

居楼不仅可用于居住，而且还结合了碉楼本身的防卫功能，这种楼一般都非常高大、宽敞，有着完善的生活设施，便于起居。居楼的外形也很美观，具有很强的装饰性，通常会成为当地的标志性建筑。

众楼一般是由很多户人家或者全村人家共同出资建造的，建成后每人可以分得一间房，因此得名"众"。这种碉楼的整体造型比较简单，几乎没有什么装饰性，而且非常封闭，主要用于防卫。

更楼是这几种碉楼中出现最晚的一种，一般都建在当地村口或者村外的山岗、河岸等视野开阔的地方，楼体较高，并且配备有探照灯、报警器等西式防卫工具，很有近代建筑特色。

瑞石楼是开平碉楼的王者，既有传统的蕴味，又有欧美的风采。如今它尽管有所破损，但仍保持着百年不败的尊严。它历经沧桑，没人知道它凭借居高临下的优势，通报过多少次敌情，又击退过多少前来偷袭的强盗。它屹立在那里，仿佛是一块抵制外辱的纪念碑。

印象岭南，感受中西文明碰撞

近代岭南民居是中国近代建筑史上特殊的一个分支，它是欧美建筑文化和中国民居文化结合的产物。在这一融合过程中，它并没有丢掉自我，而是理性地进行选择、调试和创新。岭南民居，蕴含的是近代中国人思想的进步和革新，是近代中国风云激荡的社会的一个缩影。

自20世纪20年代末，岭南民居文化经历了抉择之后，发展到一个全新的阶段，开始由之前的被动吸收，到自觉的主动创造。这里体现在三个方面，首先是传统的平面布局和西方立面样式的融合。其次是西方设计和传统民居建设的融合。最后是题材和装饰内容的中西融合。通过创造性的借用，产生了前所未有的民居奇景，开平碉楼、广州竹筒屋就是此种建筑风格的代表。

百年历史沧桑的见证者——番仔楼

在闽南的民居建筑中，番仔楼就是一种中西合璧的民居典范。

闽南番仔楼

"番仔"是过去闽南一带对南洋人的称呼，番仔楼则是对洋楼的俗称。番仔楼建筑样式中西合璧，建筑材料则从南洋运抵，与闽南传统古民居截然不同。

最早的番仔楼建造时间可以追溯到清朝，闽南华侨去南洋一带谋生，归国后建造番仔楼。现存的番仔楼大多建于清末到1949年前后，以闽南泉州的番仔楼精品最多，特别是泉州永宁镇，番仔楼样式最为丰富，是闽南番仔楼的代表。

永宁古镇，隶属福建泉州市石狮市，与天津卫、威海卫并称全国三大卫所，是番仔楼的聚集地。这里的每一座番仔楼都有故事，都是华侨下南洋打拼的血泪凝结而成，同时体现着这座古城的温度和底蕴。

泉州最负盛名的番仔楼是杨家大楼，占地近七千平方米，是永宁古镇的标志性建筑。番仔楼的建筑特色集闽南传统古民居与南洋建筑的优点于一身，有很高的工艺价值，尤其是各种石雕、砖雕、彩画、拼砖、灰塑的应用，更是为番仔楼提供了点睛之笔，令前来游赏的游人啧啧称叹。

总体而言，番仔楼基本可以分为两类：一类是延续闽南木结构民居营造的传统建筑，用大木作作为受力结构；另一类是用现代的钢筋混凝土结构。这两种番仔楼仅从外表就能辨别。传统技艺的番仔楼立面用的是传统的闽南红砖，看上去温暖柔和，富有传统的美感。钢筋混凝土的番仔楼采取的则是水泥立面，更具现代感。通常来说，用传统木结构营造技艺所造的番仔楼，其中的传统因素和中式元素以及闽南传统工艺的保留比钢筋混凝土的番仔楼多得多。除此之外，闽南民居的泥塑、交趾陶、剪粘、水车堵应用得也非常普遍，建筑工匠们还善于利用闽南地区的传统文化符号，如福喜文化的内涵与象征，将其带入番仔楼建筑的各个角落，以厚重的文化底蕴传达着家庭绵绵不绝的祝福，番仔楼因此被赋予了吉祥的寓意，也更多了几许灵动之气。

闽南地区是中国海上丝绸之路的起点，自古就是沟通中西方交流的要塞，多种民族文化的杂糅，以及近代南洋和欧美文化的浸染赋予其民居独特的魅力。闽南民居的风格既延续了中国传统建筑的古朴与灵动，同时杂糅了来自世界各地不同风格的建筑特色，成为中西合璧的近代民居的典范，在中国民居建筑中具有独特地位。

🌑 漫步哈尔滨，感受中西合璧式民居的魅力

百年前，中东铁路的建成让哈尔滨成为铁路枢纽，大量外国移民涌入哈尔滨，开始大兴土木，落地生根，让这座城市成为民居的万国博物馆。

移民建造的民居以俄罗斯式样居多，这种民居建筑一般有板加泥或者砖木结构的屋顶，喜欢采取一坡顶或双坡顶的洋铁盖，这样做的目的是方便清除屋顶积雪。哈尔滨的英国式民居则多采用较陡峭的坡度，上面用红瓦的四坡顶或双坡顶进行覆盖。这种英国式民居有典型的乡村别墅风格，多建立在依林傍水的环境中，与周围的景物融为一体。

同兴街上的英国式民居就采取了红瓦铺盖的四坡屋顶，一个老虎窗设在屋顶正中形成一个山花，半圆形的窗口居中建立，作为房门供人进出。左右双门居中建立，下面设有台阶。房门的上方用两个木头支托架，将上面的雨搭高高擎起。支托架后来成为建筑的装饰构件，这里的支托架依然保持着较原始的状态，成为珍贵的文物，有很高的研究价值。外观则是清水红砖墙立面，有着浓浓的英伦风格。

英国式民居的建筑理念来自18世纪的英国茅舍。随着新古典主义建筑的盛行，19世纪初，在浪漫主义影响下，很多英国建筑师主张返璞归真，摒弃浮夸的装饰，将民居和周围的自然环境融为一体，这就是后来俗称的"花园式建筑"。

英国式建筑在上海较多，哈尔滨并不多见。同兴路上的这几座英国式民居为哈尔滨增添了不一样的风情，也可以彰显出哈尔滨是一座非常大气和包容的城市。

提到哈尔滨中西合璧的民居建筑，就不得不提老道外的民居建筑。老道外有东西两区，西区就是大名鼎鼎的中华巴洛克建筑区。在这面积53.11公顷的土地上，星罗棋布着257座奇特的中西合璧式的民国建筑，这座建筑群

已经被划定成"哈尔滨道外传统商市历史文化街区"。这座建筑群的奇特之处在于，沿街排开的那些具有浓浓异域风情的巴洛克建筑背后，是257个传统的中式院落。这是目前中国保存最完整、面积最大的"中华巴洛克"建筑街区。

"中华巴洛克"建筑街区

"中华巴洛克"的核心是中华，它是中国式的西方建筑，也是典型的中西合璧式的民居。早在20世纪初期，一批有胸怀有眼光的民族工商业家在南二道街建立商铺，实业救国，在道外的腹地去置业盖房。当时的建筑工匠们受到道里和南岗的西式洋房的启发，在民居建筑中融入西方理念，用中国的建筑手法呈现出清水砖墙的砖木结构式民居，用白灰进行勾缝，围檐采取雕花，在工匠师傅们的妙手营造下，一座座典雅的中式"小洋楼"拔地而起。这种建筑的特色在于，立面是欧式建筑，但是院落保持了浓郁的传统中式风情，一入室内，别有洞天，令人耳目一新。

中华巴洛克民居建筑风格的形成并不完全出自建筑设计师，还要归功于别出心裁的中国工匠，他们将沿街的立面风格设计成西方巴洛克式，但其院落的雕花和装饰则完全取材于传统民居。牡丹、蝙蝠、如意等民间文化元素，传递出古老而传统的中式吉祥寓意。中华巴洛克式民居外面看来似乎是一栋巴洛克式的欧式建筑，但院落的内部空间则完全采取传统的四合院样式，而且是双层甚至是三层的四合院。这种独特的建筑被哈尔滨人形象地称之为"圈楼"。楼里有天桥和天井，还有回廊，采取传统的四面围合格局，门开在临街的一面，每个院落都采取高外墙、单面坡的形式，寓意"肥水不流外人田"。

楼外楼内，风格迥异，这种表里不一的风格，让人一路行来，犹如时空交错，给人穿越时空之感。

哈尔滨南岗区同兴街上，马家沟河畔的几栋建于20世纪的英国式民居，则彰显了另一种风情。这是一座拥有柱式门庭的英国建筑，深色木构架半露在山墙上，此外与它平行并列着两所房子，呈现出对称的布局，这是典型的古典主义审美。

第四章

深沉而壮美

驻足于北方的古朴民居

汉族人口众多，分布地域十分广泛，其传统的民居住房也随地域而呈现出千姿百态、百花争妍的景象。根据南北地理差异，我国传统的汉族民居可分为北方汉族民居和南方汉族民居两种。

北方汉族民居建筑类型多样，宏伟壮丽，风格迥异。驻足于庭院深深的北京四合院之中，我们可以感悟到中国传统文化的丰富内涵；置身于古朴简约的陕西窑洞，我们能够领略到浓郁的乡土气息；漫步于宏伟、雅致的山西大院，我们可以了解到浓浓的晋商文化。

古色古香，北京四合院里的传统中国风

心有所思

　　北京作为中国四大古都之一，是一座拥有悠久历史的古老城市。提及北京建筑，除气势恢宏的园林建筑之外，北京民居也以其鲜明的特色成为北方民居的代表。其中，最具特色的建筑便是北京四合院，它既是北京民居建筑的典型代表，也是中国四合院的代表。那么，对于古色古香的北京四合院，你了解多少呢？它又承载着怎样的文化呢？

　　四合院从字面意思来看，就是东、西、南、北四面都有房子并围成院子的住宅形式，即院的四面都有房屋。《辞海》解释为："住宅建筑式样之一，即上房之左右为厢房，对面为客房或下房，四面相对，形如口字，而中央空也，即天井也。"

北京四合院是北方四合院的代表，院子宽敞，庭院深深，具有较强的私密性，房屋格局也显示了内外有别、长幼有序的礼仪规范。此外，北京四合院也蕴含了丰富的文化内涵，体现了传统的民俗民风。

北京四合院

🌏 左右对称，方方正正——北京四合院的格局

北京四合院的格局采用中轴对称的形式，左右均衡，整个建筑布局对外封闭，对内向心，方方正正。四合院多坐北朝南，根据等级可分为一进四合院、两进四合院、三进四合院以及四进以上的四合院。

◎ 一进四合院

一进四合院只有一个院子，四面由房屋围合而成，是四合院建筑中最为基本的类型。一进四合院由大门、院落、倒座房、正房、东西耳房和东西厢房等构成。

一进四合院

　　大门一般设在东南角，从大门进入，站在院落中间，正对着的便是正房，正房即位于北面的三间房，比其他房屋要高大，中间一间为祖宗堂，东侧为祖父母，西侧为父母，体现了中国古代尊左的传统习俗。在正房两侧设有两个小房子，犹如正房的两耳一般，故称为东耳房和西耳房。在东西侧设有厢房，左右对称，供晚辈等居住。与正房相对的是倒座房，位于南侧，用来接待客人。一进四合院虽然规模较小，但"麻雀虽小，五脏俱全"，很适合单门小户人家居住。

◎ 两进四合院

　　两进四合院设有前院和内院两个院子。大门设在东南侧，靠近大门的一个房间一般为门房，大门另一侧则为倒座房，倒座房最西面为厕所。从大门进入，面对的是门内的照壁，从照壁前向西走，首先会看到一个较为狭窄的前院，前院与内院之间用一道墙隔开，墙的正中间设有垂花门。

　　垂花门也被称为"二门"，古代所说的"大门不出，二门不迈"里面的"二门"就是指垂花门。进入垂花门，便来到了宽敞的内院，内院是主人全家的主要生活场所。内院中的布局结构和单进四合院相同，高级一点的四合院内院通常会用廊子把垂花门、正房和东西厢房连在一起。

◎ 三进四合院

　　三进四合院设有三个院子：前院、内院和后院。三进四合院在两进四合院的基础上发展而来。一般而言，三进四合院的总长度为50～60米。

　　与两进四合院相比，三进四合院增加了后院和后罩房，后罩房主要用作女眷卧室或佣人用房。三进四合院属于中型四合院，能住上该类房型的住户至少也是中产以上的阶层。

◎ **四进以上的四合院**

四进以上的四合院是在三进四合院的基础上继续发展而来的一种规模更大的住房形式。该类四合院中的前院与后院及其格局不变，改变的是内院的个数，在纵向上增加了数个内院，每个内院的布局也会随需要进行调整，如有的四合院设有两个垂花门，有的内院则只设正房，不设耳房和厢房。

漫|话|建|筑

老舍故居

老舍是中国现代作家、戏剧家，代表作品有《骆驼祥子》《茶馆》等。老舍先生"生在北京，长在北京，死在北京"，"他写了一辈子北京，老舍和北京分不开，没有北京，就没有老舍"。

老舍故居

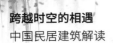

老舍在北京住过的地方共有十处，其中，北京市东城区灯市口西街丰富胡同 19 号是老舍先生居住时间最久的地方。

该住宅是一座普通的四合院，整个布局较为紧凑。整个住宅主要包括院落、门房、正房、耳房和厢房等。走进正门，便看到一座砖砌的影壁，绕过影壁，是个不大的小院，只有两间门房，往西有个狭长的小院，是老舍之子舒乙的住房。

该住宅北侧是一座三合院，院内北侧有三间正房，明间和西次间为客厅，东次间为卧室。在正房两侧各有一间耳房，老舍先生的书房则位于西耳房。老舍先生在这间屋子写下了大量的诗歌和散文，如著名的话剧作品《茶馆》《全家福》等。东西各有三间厢房，东厢房老舍女儿居住，西厢房为就餐的场所。

博大精深，寓意深厚——北京四合院的设计文化

北京四合院中的很多设计独具一格，别出心裁，无不体现着主人的身份与地位，体现着人们对幸福美满生活的美好心愿，如门楼、门墩儿、影壁、垂花门等。

◎ 象征身份地位的门楼

门楼是四合院的脸面，是主人身份和地位的象征。门楼的建造特别讲究，其造型、装修和细部装饰不仅美观精致，而且代表着主人的社会和经济

地位，这也印证了古代所说的"门当户对"。受宋代以来风水学的影响，以及封建社会百姓对皇权威严的尊崇（面南坐北代表尊位，只有皇宫贵族的门楼才配面向正南），门楼一般建在前院的东南角。

北京四合院门楼建筑

从建筑形式来看，北京四合院的门楼可分为屋宇式门和墙垣式门两大类。前者由房屋构成，在结构及装饰方面比较讲究；后者是在院墙合拢处建造而成，在结构及装饰方面比较简单。其中，屋宇式门可分为王府大门、广亮大门、金柱大门、蛮子门和如意门等级别。因此，设置屋宇式门住宅的主人一般为社会中上阶层，而设有墙垣式门住宅的主人多为普通百姓。

两扇大门上通常会装有一副门钹，来访者必须先叩打钹上的门环，征得主人同意之后才能进入，即使大门敞开，也不能擅自入内，否则会被视为一种极不礼貌的行为。在大门的上槛部位通常会镶嵌有吉祥如意字样的六角形门簪，体现了吉祥幸福、万事顺意的美好寓意。

门钹

民居
课堂

屋宇式门的分类

　　屋宇式门可分为王府大门、广亮大门、金柱大门、蛮子门和如意门等。

　　王府大门是屋宇式大门中等级最高的大门，用于王府，位于宅院的中轴线上，象征着皇亲贵族的威严气派。王府大门通常可分为三间一启门和五间三启门两种，门上装有门钉。不同的王府，其门钉的数量也各不相同，如亲王府的大门上装有 63 个门钉，而郡王府则只有 45 个。

北京恭王府大门

广亮大门又称为广梁大门，等级仅次于王府大门，通常为具有相当品级的官宦人家所采用的宅门形式。广亮大门占用一间房屋，门口较为宽大。大门上装有雀替及附著其上的三幅云，既可以起到装饰美化的作用，又代表了主人的品级和地位。

金柱大门在等级上低于王府大门和广亮大门，高于蛮子门和如意门，为官宦人家所采用的一种大门形式。金柱大门规模较小，有的只有半开间，其他方面均与广亮大门相同。

蛮子门为富商所采用的宅门形式，其结构与广亮大门和金柱大门基本相同，不同之处在于，蛮子门是将槛框、余塞、门扉等安装在前檐檐柱之间，门扉外面不留容身的空间。此外，蛮子门的门框没有雀替，砖雕装饰也略显逊色。

如意门是屋宇式门中等级最低的一种宅门形式，多为普通百姓所采用。如意门两侧砌墙并加以装饰，门洞的左右上角有两组砖制构件，雕刻成如意形象，门口上面的两个门簪迎面多刻"如意"二字，故称为如意门。

◎ 装饰精美的垂花门

垂花门是四合院中很讲究的一道门，其所在的一堵墙将前院与内院分隔开，外人一般不得随便出入。垂花门具有很强的装饰性，向外一侧的梁头常雕刻成云头状，在梁头之下有一对倒悬的短柱，即垂柱，柱头部分雕刻有莲瓣、串珠等形状，像极了一对含苞待放的花，垂花门因此而得名。

垂花门的两个垂柱间通常会有精美的雕饰，不仅对内宅有美化和点缀作用，也寄托了房主对美好幸福生活的憧憬和期待。

垂花门有两个功能，屏障作用和防卫作用。垂花门是四合院前院和内院的分水岭，所谓的内外有别，就是以此为界。首先，垂花门外侧两根柱子间装有第一道门，称为"棋盘门"，门体较为厚重，在白天打开，晚上关闭，对住宅具有防卫和保护功能。其次，在垂花门内侧的两柱之间又设有一道屏门，保证了内宅的隐蔽性。屏门在一般情况下处于关闭状态，只有在婚丧嫁娶等重大活动举行之时才打开。平时，人们进出垂花门时，并不通过屏门，而是从屏门两侧的侧门或垂花门两侧的抄手游廊到达内院。

一道小小的垂花门不仅具有装饰和实用功能，还能彰显出宅主的财力厚薄、家室的兴盛衰败以及文化素养的高低，甚至可以反映出宅主的爱好和性格。

垂花门

◎ 寓意丰富的门墩儿

门墩儿是指摆放在四合院大门门楼两端的枕石，用以支撑大门的门槛、门框和门扇。枕石内门部分起到了承托大门的作用，门外部分通常为刻有人物、鸟兽、草木等图案的石雕。

这些石雕不仅图案精美，工艺精湛，而且充分运用谐音、象征等表现手法，传达了人们对幸福和睦、富贵长寿、家族兴旺的美好期许。如雕刻有九只狮子的图案中，狮与"世"谐音，象征着"九世同堂""阖家团圆"；雕刻着"莲"和"鱼"的图案代表了"连年有余"的美好祝愿。此外，还雕刻有"五福捧寿""鹿鹤同春"等图案，内涵丰富，寓意深刻。

门墩儿

◎ 烘云托月的影壁

影壁也称照壁，古代称"萧墙"，大多由砖料砌成，是中国传统建筑中用于遮挡视线的墙壁，通常由壁顶、壁身和壁座三部分构成。四合院常见的影壁有三种：一字影壁、独立影壁和座山影壁。

一字影壁位于大门内侧，呈"一"字形。位于大门内的一字影壁独立于

厢房山墙或隔墙之外，称为独立影壁。如果在厢房的山墙上直接砌出小墙帽
并做出影壁形状，使影壁与山墙连为一体，则称为座山影壁。

影壁

影壁与大门互相衬托，二者密不可分。影壁在院落玄关中起到了遮蔽
作用，即使大门敞开，外人也无法看到院内景象，具有良好的私密性。在风
水学上，无论是河流还是马路，都忌讳直来直去，同理，为避免气流的直来
直去，人们便设置了影壁，使气流绕壁而行，形成了"S"形的轨迹，符合
"曲则有情"的风水原则。

此外，影壁设计巧妙，装饰有精美的图案。例如，牡丹荷花砖雕图案，
牡丹象征富贵，荷花象征着和顺，预示着吉祥富贵、和和顺顺的美好祝愿；
以蝙蝠、寿字组成的图案，寓意"福寿双全"。

返璞归真，陕西窑洞中的乡土气息

心有所思

　　窑洞是陕北建筑的主体，是我国西北地区最具特色的民居建筑。窑洞巧妙利用当地自然条件建造而成，是一种既与当地自然环境相适应，又能较好节省建筑材料的民居形式。那么，窑洞可以分为哪几个类型呢？窑洞的装饰有哪些呢？

　　提起窑洞的历史，我们可以追溯到原始社会的穴居时代。随着生产力水平的提高，穴居形式逐渐被人们抛弃。西北地区特殊的自然环境使穴居的形式得以保留下来，人们在此基础上进行改建，最终形成了窑洞。

位于我国大西北的黄土高原被厚厚的黄土层覆盖，这里的土质具有较强的黏性和直立性，渗水性差，不易松散，为窑洞的建造提供了有利的天然条件。窑洞这一民居建筑形式在我国甘肃、陕西、山西、河南一带均有分布，其中尤以陕北地区最具代表性，陕北窑洞是人类最古老的民居之一。

种类丰富，材质多样——陕西窑洞的类型

窑洞是指在天然或人工形成的土崖上挖成的作为住屋的山洞或土屋，具有节能环保、冬暖夏凉等特点。根据外形，陕西窑洞可分为靠崖式窑洞、独立式窑洞和下沉式窑洞三种类型。根据建造材质，陕西窑洞又可分为土窑、接口窑、石窑和砖窑四种类型。

◎ 根据外形划分的窑洞类型

靠崖式窑洞

靠崖式窑洞一般建在黄土坡的边缘。窑洞顶为拱形，底部多为长方形。窑洞前方通常会留有较为开阔的沟崖，便于窑洞内部的通风和采光，因此即便是居住其中也不会感到压抑。

此外，在窑洞前方也会留有一块平地，用以进行日常活动。窑洞会根据地形条件呈现出多口窑洞排列的形式，或建成若干呈阶梯式排列的窑洞。

靠崖式窑洞

独立式窑洞

独立式窑洞是指利用地面空间，在平地上掩土而建的建筑形式，建筑材料多为土坯和砖头，因此更像是普通的房屋。窑洞顶部也呈拱形，前方设有门窗。与靠崖式窑洞相比，独立式窑洞不仅不受地形限制，而且保留了冬暖夏凉的特点，拥有良好的隔音效果，因此是窑洞民居形式中较为高级的一种。

独立式窑洞可建成其他形式，如在窑洞上再建窑洞，因此在独立式窑洞院落中，常常会看到"窑上窑"的建筑景象。这类独立式窑洞造型多样，组合灵活，极大丰富了窑洞的外观。

漫|话|建|筑

城堡式窑洞庄园——姜氏庄园

姜氏庄园位于陕西省米脂县城东 15 公里桥河岔乡刘家峁村，是陕北大财主姜耀祖于清光绪年间投资兴建的住宅。

姜氏庄园历史悠久，建筑精美，布局巧妙，蕴含着丰富的传统文化内涵，是全国最大的城堡式窑洞庄园，也是汉民族建筑的瑰宝之一。

从整体布局来看，姜氏庄园可分为下院、中院和上院三个部分。下院寨墙高筑，墙体高达 9.5 米，犹如城堡般坚不可摧，具有良好的防御功能和私密性。中院前又筑有 8 米城墙，将整个庄园围住，门楼建于正中部位。上院是整个建筑的主体部分，坐东北向西南，正面一线 5 孔石窑，两侧分置对称双院，东西两端分设拱形小门洞，西边为厕所，东边设有下书院。

姜氏庄园

　　此外，姜氏庄园的雕刻艺术十分讲究，在整个建筑设计中随处可见，既有简略粗犷的石雕，亦有别致精美的砖雕，主题图案内容丰富，种类多样，寓意丰富美好。

姜氏庄园中的精美雕刻艺术

下沉式窑洞

　　下沉式窑洞又称为"地窑"，大多建在黄土塬区的小平原上，在没有山坡、沟壑等地形可利用时，通常会采用下沉式窑洞的建筑形式。建造此类窑洞的方法是在平地上向下挖，挖出一个地坑，在其四面都可以开凿窑洞，从而形成一个向下沉的院落。因为是建在地表以下，所以从地表望去，这些窑洞是不容易被发现的。

下沉式窑洞

一般而言，下沉式窑洞的布局与北京的四合院有些相似之处。院落的三面各开三口窑，主窑坐北朝南，相当于四合院的正房，供长辈居住，其中中间的一口窑为祖堂，用以供奉祖先。在主窑的左右两侧各有三口窑，相当于四合院的东西厢房，供晚辈居住。窑洞的出口大多建在主窑相对一面的角落，相当于四合院的门楼，一般有台阶式和直通式两种出口形式。

此外，下沉式窑洞的院落壁顶部通常建有女儿墙，可以有效防止行人跌落和雨水流入院内。

◎ **根据材质划分的窑洞类型**

土窑

土窑

土窑是陕北窑洞的原始形态，是指直接在向阳山崖上挖土而建成的窑洞，基本不利用其他建筑材料。土窑的挖掘地点通常会选在土质坚硬、土脉平行的原生胶土崖。土窑洞一般深7～8米，宽3米，高3米。窗户一般有小方窗和半圆形木窗两种类型。

土窑充分体现了窑洞冬暖夏凉以及节能环保的特点，但同时也有光线较差、容易风化和受雨水侵蚀、易坍塌等缺点。

接口窑

接口窑

接口窑是在土窑的基础上按窑拱的大小再加砌2～3米深，窑面用砖或者石头建造而成，并设有圆窗和木门。然后用麦鱼细泥涂抹土拱和石拱的接口处，使之浑然一体。

与土窑相比，接口窑的门窗进行了加大处理，采光面积也随之增大了不少，既保温又有良好的采光，窑面也更加坚固美观。

石窑和砖窑

石窑是指用石块堆砌而成的拱形窑洞，窑面的石料按照窑洞的尺寸进行打磨，窑面整体平整美观，砌面缝隙讲究横平竖直。窑口装有大门亮窗，有的门窗装有双层玻璃，在保温的同时有效增加了室内的明亮度，具有很强的美观性。

砖窑是指用砖和灰浆砌成的拱形窑洞，和石窑的结构及特点类似，在此不再赘述。

石窑

简单古朴，寓意丰富——陕西窑洞的构成及装饰

虽然窑洞的外观看起来朴实无华，但内部设施完善，基本满足当地居民的日常生活所需，可谓"麻雀虽小，五脏俱全"。此外，窑洞还设有一些别出心裁、寓意丰富的装饰，为简单朴素的民居建筑增添了几分色彩与活力，表达了人们对幸福美好生活的向往。

◎ 窑洞的重要建筑构件

炕

西北地区冬天非常寒冷，在没有很好的取暖设备的前提下，炕便成为陕北人不可或缺的建筑构件。由于其下方的孔道与烟囱和锅灶相通，可以烧火取暖，因此炕可以起到抵御严寒的作用。窑洞内的炕不仅是主人休息的地方，而且也可以用作接待客人、聊天及做活的场所，因此炕对于窑洞来说是一个非常重要的组成部分。

炕的长短也很有讲究，有"炕不离七"之说，即炕的长度应为五尺七寸，此为大吉，其中"七"与"妻"谐音，承载着夫妻和睦、子孙满堂的美好愿望。

女儿墙

女儿墙是指建筑物外高出屋面的矮墙，一般为下沉式窑洞的墙体形式。其功能主要是警戒、防卫和防水。高出地表的女儿墙作为一种防护设施，起到了一定的警戒作用，让行人在路过时加以警惕，以免不慎跌

落。其次，女儿墙还具有防水功能，可以避免地表雨水流至地下的院落之中。

此外，女儿墙还具有一定的美化作用，女儿墙有实心墙、花墙和菱形纹墙等形式，墙体设计艺术性较强，通常人们会在墙面上雕刻出花卉、几何图形、人物等多种图案，使窑洞整体显得典雅、别致。

窑脸

窑脸是窑洞的脸面，一般由门、窗、窑腿、马头石等构成，其中门和窗是窑脸的主要组成部分。根据外形，窑脸可分为36格方窗式窑脸、封闭式窑脸、开放式窑脸等形式。

窑脸是窑洞的前部立面，象征着主人的身份和社会地位，因此人们很重视对窑脸的装饰，会根据当地文化习俗对其进行装饰。

◎ 窑洞的建筑装饰

窑脸的装饰

陕北及山西平遥一带特别重视对窑脸中门窗的装饰。门窗的棂格种类多样，常用的式样有菱形格、古钱格、双喜格、万字格、田字格等。每到逢年过节之际，人们会在窗上贴各式剪纸，为窑洞增添一抹喜庆红火的颜色，既起到了装饰作用，又表达了人们对幸福生活的美好祝愿。

窑洞的辅首是供主人锁门和来访者叩门的装饰饰件，安装在门扇中央，常为铁质或铜制。辅首的形式除常用的"兽面衔环"外，还可做成"五福捧寿""如意纹"等图案，寓意美好。

窑洞窗户装饰

炕的装饰

由于气候干燥，窑洞内墙壁的漆土容易剥落，为避免把被褥和衣服弄脏，人们将炕靠墙的一边围起来，形成了炕围子，并用炕围画进行装饰。炕围画多以颜料做底、桐油涂罩，表面光滑，可用湿布擦拭，容易打理，颜色鲜亮，坚固耐用。

炕围画的题材主要包括人物、山水、花卉、鸟虫等，按照当地习俗，人们会在春节前夕对炕围子进行精心装饰，以求喜庆、吉利。

此外，炕头上一般会放置坠娃石，即一种石雕动物，一般会雕刻成小狮子、小狗等动物形象，造型为"七分头，三分身"，头大身小，稚气可爱，雕工粗犷朴拙、简括大气。坠娃石也被当作是孩子的守护神，寄托了人们对孩子平安健康的美好祝福。

窑顶的装饰

屋脊具有稳定房屋结构、防止雨水渗透的功能，脊端以砖、瓦封口，为避免长长的屋脊线带来的单调感，人们对屋脊的装饰也乐此不疲。屋脊的装饰以砖雕为主，图案主要包括牡丹、莲花、云纹和几何图形等。

吻兽，又称脊吻，是安装在正脊两端的兽形装饰物，兽头向外，有防火和美化功用。此外，吻兽还代表了主人的身份地位，官位达到五品及以上的官宦人家为张口兽，五品以下则为闭口兽。

窑顶装饰——吻兽

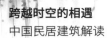

窑洞的传统习俗——合龙口

在陕西，男人在挖窑洞、娶妻之后才算成家立业。按照传统习俗，窑洞修得好坏关系到以后家庭子孙后代的兴旺盛衰，因此人们会特别重视。通常情况下，在修窑洞前要看"风水"、定方向、择吉日，修成之后有合龙口的习俗。

合龙口是窑洞建成时举行的一个重要仪式，人们会预先在窑顶正中留下一个缺口，仪式上再把最后一块砖头或石头放入，代表整个窑洞修建完成。

合龙口是很隆重的庆贺仪式，因此主人要在窑洞中贴剪纸和对联，还要放鞭炮，村中的亲朋好友前来贺喜，主人则摆上宴席，热情款待。

在举行仪式时，主人会在合龙口石头旁挂一双红筷子，一只毛笔，一锭墨，一本黄历，一个装有小麦、高粱等的红布袋，以及五色布条和五彩丝线等，祈求家庭和睦，五谷丰登，丰衣足食。主人会撒下五谷杂粮、硬币、糖、花生等，人们纷纷争着捡拾，当地人称之为"撒福禄"。

仪式结束后，主人会宴请前来帮忙和道喜的来客和朋友，并在饭后赠送汗衫、线衣、喜钱等作为纪念品。

深邃富丽，集宏伟与雅致于一身的山西大院

心有所思

　　在中国传统民居中，山西大院和徽州民居齐名，有着"北山西，南皖南"的说法。影视作品《大红灯笼高高挂》和《乔家大院》的播出更是让山西大院声名远播，家喻户晓。那么，关于山西大院，你了解多少呢？其典型建筑又有哪些呢？

　　明清时期，山西商业活动发达，产生了远近闻名的晋商文化，山西商人用积累的财富在平原地区修建砖瓦房及四合院，这就是山西大院。这些民居建筑设计精巧，规模宏伟，独具一格。

山西大院历史悠久，内涵丰富，见证了晋商 500 年的兴衰，大院中的一砖一瓦、一草一木都渗透着浓浓的晋商文化，展现了晋商的雄厚财力和奢华气派。山西大院以四合院为主，讲究对称，结构严谨，沿中轴线左右展开，形成了庞大的建筑群。

🌑 气势宏伟，各具特色——山西大院的典型建筑

山西大院堪称北方民居的精华，布局规整、气势宏伟，同时又不乏秀雅别致，工艺精湛。山西大院的典型代表主要有常家大院、王家大院、乔家大院等。

◎ 常家大院

常家大院位于山西省榆次西南东阳镇车辋村，车辋村由四个小自然村组成，四寨中心建一大寺，与四寨相距各半华里，形成一个车辐状，故名"车辋"。

从清朝康熙年间到光绪末年，历时 200 余年的修建，常氏在车辋建起了东西、南北两条大街，街道两侧大院林立，雕梁画栋，颇为壮观。常家大院共占地 100 余亩，楼房 40 余座。

从建筑布局来看，常家大院为两进院落，前院有东西厢房各五间，正中设垂花门，内院呈长方形，北侧为正房，东西两侧各有厢房 8～10 间。

常家大院门楼

常家大院建筑

◎ 王家大院

王家大院位于灵石县静升村山坡上，是清代灵石县四大晋商之一的静升
王家的住宅建筑群，包括东大院、西大院和孝义祠，规模宏大。

王家大院建筑群

王家大院内，东大院是一个不规则形城堡式串联住宅群，由三个大小不
同的院落组成，中部是主院，东北部是小偏院，西南部是大偏院。西大院是
一个规则的城堡式封闭型住宅群，堡门为两进两层，正中央嵌有刻有"恒祯
堡"的青石牌匾。因为堡门呈红色，故称为"红门堡"，其余四座城堡为高
家崖堡、西堡子、东南堡和下南堡。

王家大院最具特色的是其门和窗的造型。院内有各式门楼、门洞、屏

门、垂花门等，层次分明，大小不一。窗户的样式也很丰富，有桃形窗、扇窗等，造型独特，极具美感。

王家大院门窗

王家大院建筑一隅

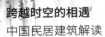
◎ 乔家大院

乔家大院位于祁县乔家堡村正中，是一座城堡式建筑，院墙高大，整座大院的结构就像是一个双喜字，被誉为"清代北方民居建筑的一颗明珠"。

乔家大院始建于清乾隆年间，其后经过多次增修，共有 6 幢大院，19 个小院，313 间房屋。乔家大院为里五外三的四合院布局，主体建筑由砖木构成，坚实牢固，房屋屋顶形式多样，有歇山顶、悬山顶、硬山顶等，基本包括了中国传统建筑中所有的屋顶形式。院落四周围有高大厚实的墙壁，具有良好的私密性。

乔家大院建筑

整座大院从中间的甬道分成南北两部分，其中南面的三座院落为二进四合院，大门为硬山顶阶进式门楼，每个院子属于正偏结构，西跨院为正院，供族人居住，东跨院为偏院，用作花厅和佣人住房。乔氏祠堂位于大门往西的尽头，祠堂为庙宇式建筑，门前有三级台阶，旁边有汉白玉石雕，装饰十分豪华。

此外，乔家大院的每一处建筑无不体现着精湛的技艺，砖雕、石雕、木雕以及彩绘在六个院内随处可见。

中国古代建筑屋顶样式

屋顶是房屋顶部覆盖的围护构件，功能是抵御风霜雨雪，气温变化及其他不利因素。中国传统建筑的屋顶主要包括庑殿顶、歇山顶、硬山顶、悬山顶、攒尖顶和平顶等。

庑殿顶有四面斜坡，斜坡略微向内凹陷形成弧度，可分为重檐庑殿顶和单檐庑殿顶两种类型。

歇山顶共有九条屋脊，其中正脊一条，垂脊和戗脊各四条。由于其正脊两端到屋檐处中间折断了一次，仿佛歇了一歇，故称为"歇山顶"。同样，歇山顶也可分为重檐歇山顶和单檐歇山顶两类。

硬山顶屋面以正脊为界，分为前后两面坡，常用于民间建筑。

攒尖顶没有正脊，顶部集中于一点，按形状可分为角式攒尖和圆形攒尖，常用于亭台楼阁等建筑。

平顶的房顶中间顶部略有突起，屋顶为一面坡式，坡度不大，常用于中国西北、华北等地区。

漫|话|建|筑

乔家大院中的雕刻艺术

建筑中的雕刻艺术主要包括石雕、木雕和砖雕。石雕在建筑装饰中应用最为广泛，种类丰富多样，包括圆雕、浮雕、镂雕等。砖雕比石雕更加经济省工。木雕主要用于木装饰，多运用于木结构的房顶、护栏、家具等。

乔家大院的雕刻技艺精湛，巧夺天工，石雕、木雕和砖雕艺术应有尽有，美轮美奂，让人应接不暇。

虽然乔家大院的石雕比较少见，工艺却十分精细。比如乔家大院门前的石狮，形象逼真，威武雄壮，富有生机与活力。除石狮外，门墩和石基上也刻有图案，线条流畅。

乔家大院"在中堂"木雕

　　乔家大院的木雕有300余件，做工精美，工艺繁杂，堪称精品。比如乔家大院垂花门檐下的木雕，乔家大院主楼雀替博古图木雕等。此外，各院的正门上都有木雕人物，包括"天官赐福""三星高照""招财进宝"等多种形式。

　　乔家大院的砖雕技艺亦是十分精湛，题材广泛，如大门门楼对面的"百寿图"砖雕影壁，图中每个寿字的写法均不相同，为近代著名学者常赞春所书，字迹铿锵有力，寄托了健康长寿的美好祝愿。

乔家大院福德祠砖雕匾

规模宏大，仪式繁杂——山西大院的建造习俗

山西大院为财力雄厚的晋商的私人宅第，与一般民居相比，其建造规模更加宏大，仪式也更为繁杂。

◎ 选址

选址就是指对住宅地址的选择，宅院主人一般会请风水先生进行实地勘察。选址时一般会选择向阳、依山傍水的地方，起到防风、提供水源和净化环境的功效。此外，"刀把子院"指巷道看起来如刀把子，是凶象，故不选择。"轿杆院"指住宅两侧均有交通要道，如同两根轿杆，属破财之象，也不宜选择。

◎ 定朝向

选好宅院建造的位置之后，还需要确定宅院的朝向。当地宅院的朝向一般为坐北朝南，但又不能正南直北，一方面是为了与宫殿和寺庙相区分，另一方面是为了让宅院偏向太阳升起的地方，增加光照时长。

◎ 置水口

水口即为水之汇聚处，寓意为财之汇聚处，对于民居宅第具有十分重要的意义。一般而言，山西大院的水口会建在大门（东南方向）与厕所（西南方向）间偏向厕所的一边，水道的弯度称为"盘龙水道"，有"聚财兴宅"的寓意。

◎ 上梁

上梁也称为"立架"，是宅院建造中的重要一环，因此上梁仪式也十分讲究。中梁要选择有木中之王之称的樗木，上中梁的时间为中午 12 点整。此外，还要为中梁"披红挂花"，即用三尺红布披在中梁中间部位，再把辟邪之物挂于中梁之上。然后，需请大师傅在梁上绘八卦或太极图，并请木匠师傅颂"上梁歌"。最后，宅主大摆酒席，宴请前来道贺的亲朋好友、地方政要及工匠师傅，场面十分宏大。

◎ 暖房

新院落建成之后还有一种习俗——暖房。暖房既是一种庆祝活动，也是为了驱除邪恶、平安居住而举行的仪式。在暖房当天，被邀请的亲朋好友会带礼品（筷子和辣椒为必带的两样礼品）前来道贺。仪式开始，宅主会在院内的几案上摆放花瓶以及筷子、辣椒等物，谐音则为"平安快乐"之意。中午 12 点，鞭炮齐鸣，宅主跪拜于几案前念吉祥祝词。仪式结束，宅主大摆筵席，热情款待前来道贺的亲朋好友，场面颇为热闹。

第五章

温婉而秀丽

徜徉于南方的清雅民居之间

与深沉壮美、深邃富丽的北方汉族民居相比，南方汉族民居在建筑风格上则更加典雅别致、温婉秀丽，形成了独具江南特色的民居建筑。

　　让我们一同走入上海弄堂，体验浓浓的异域风采；漫步于安徽民居的白墙黑瓦之中，尽情感受来自大自然青山绿水的无穷乐趣；抬头仰望高耸坚固的福建土楼，品味浓厚的传统文化；置身于云南，领略南方四合院的精巧秀美。

烟火生情，上海弄堂里的人文底蕴与地域风情

心有所思

　　作为一座多元化城市，上海的民居建筑融合了中西方文化，将多元化文化特色体现得淋漓尽致。在上海黄浦外滩，风格迥异、中西合璧的近现代建筑随处可见，上海也因此享有"万国建筑博览会"的美誉。在所有的民居建筑中，弄堂作为上海特有的一种民居形式，是上海城市文化的集中代表。那么，弄堂的建筑结构有哪些呢？弄堂经历了怎样的演变过程呢？

　　"弄堂"古时写作"弄唐"，"唐"是古代朝堂前或宗庙门内的大路，到近现代，"唐"字作为"大路"的含义已被人们逐渐忘却，转而以一个与建筑学联系更加紧密的"堂"字取代，因此"弄唐"便演化成了"弄堂"。

俗话说："北京四合院多，徽州的牌楼多，苏州的巷子多，上海的弄堂多。"我们所说的"弄堂"或"里弄"，指的就是上海的弄堂住宅。弄堂为仿欧式建筑，出现于20世纪二三十年代的租界，大多为二层和三层建筑。弄堂既受到了中国传统建筑的影响，又吸收了外来文化元素，是近代上海历史的最直接产物，与千千万万的上海市民的生活密不可分。

上海弄堂

中西合璧，日益完善——上海弄堂的演变

鸦片战争后，上海在1843年被辟为商埠，租界接踵而起。19世纪五六十年代，当地居民和外省城乡逃亡富户纷纷迁居租界，导致城市住房严重短缺。为谋取利益，房地产商人在其占有的土地上建造二层楼形式的住宅并进行出租，上海里弄由此诞生。由于这种二层楼建筑的大门门框是由石料所制，故称为"石库门里弄民居"。大体而言，石库门里弄民居的发展共经历了以下四个阶段。

◎ 早期石库门里弄民居

"石库门"是弄堂住宅的一种基本的大门形式，以石料为门框，木料为门扇。每单元各装有一个石库门，规格一致的石库门将每个单元楼从某种意义上连接起来，构成了连接式民居。

早期石库门又称为"老式石库门弄堂"，出现于19世纪60年代初期，其建筑最大的特色是既具有中国江南传统民居建筑的特征，又吸收了西方联排住宅的形式。

上海石库门联排建筑

　　早期石库门民居建筑基本脱离了我国传统民居中单层合院的建筑形式，一般为二层楼三开间一个单元，每排单元数量不一。在纵向布置上有一条明显的中轴线，平面呈对称布局，空间紧凑狭长。进门后可看到一个天井，与传统的庭院相似，客堂长度约为 4 米，深度约为 6 米，位于天井正对面。客堂主要用于宴请、聚会等重要的礼仪活动，在需要时，可卸下落地窗，方便人们进出。客堂两侧为次间，客堂之后为通向二层楼的木制扶梯。天井两侧设有左右厢房，用作卧室或书房。客堂、厢房和楼梯间构成了早期石库门里弄民居的正屋部分。这种建筑布局既符合我国家庭的传统居住观念，又节省用地，适应了城市化的发展。

　　早期石库门民居建筑采用我国传统江南建筑的风格，外形较为朴素、单调，颜色以黑、白、灰为主，给人以稳重素雅的感觉。

老上海早期石库门建筑

民居
课堂

联排式住宅形式

联排式住宅是指由几幢单户独院复式住宅组成的联排楼栋，各户间有共用外墙，有统一的设计和独立的门户。联排城市住宅是欧洲许多城市的主要住宅形式。

我国联排式住宅主要有以下特点：

第一，联排式住宅绿化率较高，环境优美，居住环境和室内设计融合了西方文化特色。

第二，联排式住宅的功能更加齐全，除具有高级公寓的基本功能外，还设有门厅、车库等，为住户提供了相对独立的出入口和私有的庭院，基本满足了人们对独门独户的要求。

第三，联排式住宅均是沿街的，由于沿街面的限制，因此都在基地上表现为大进深小面宽，立面式样则体现为新旧混杂，各式各样。

◎ 后期石库门里弄民居

后期石库门民居大约出现在 20 世纪初。与早期石库门民居建筑相比，弄堂规模有所扩大，平面结构、形式以及装饰等方面都发生了改变。该时期较为典型的石库门民居有淮海中路的宝康里（1914 年），南京东路的大庆里（1915 年），北京西路的珠联里（1915 年）等。

由于城市地价大幅上涨以及当地居民对小型居住单元的需求上升，这一时期住宅的单元面积更小，空间更加紧凑局促，多为双开间甚至单开间，层数由传统的二层变为三层，并在后部设有后厢房和亭子间。

后期石库门弄堂的大门很少再采用石料门框，反之多用清水砖砌或外水粉刷石面层。从总体布局来看，这一时期石库门弄堂建筑排列更为整齐，总弄和支弄的区别更加明显。

　　此外，后期石库门弄堂住宅在装饰方面也有所不同。早期石库门弄堂大门的门头上多刻有花鸟虫兽图案，这一时期则对门头花饰进行了简化，多采用西洋花纹和几何图案。早期的石灰白粉墙已不再，取而代之的是清水青砖、红砖或青红砖混用的墙面。在建筑材料上，开始大量使用钢筋混凝土，如在亭子间会使用钢筋混凝土制成的楼板。

后期石库门建筑

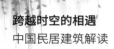

漫|话|建|筑

淮海中路的宝康里弄堂

宝康里弄堂始建于 20 世纪初期，于 1913 年竣工，是一条占据了整个街坊的大型弄堂，两条南北直弄和三条东西横弄，分别贯通淮海路与兴安路，黄陂路与马当路，外观十分气派。

宝康里弄堂共有 120 幢立帖式旧式里弄楼，一开间，2 层，砖木结构，占地面积 11 952 平方米，建筑总面积 12 527 平方米。

在初建时，弄堂较为规整，交通十分便捷，社区内住户的社会层次较高，多为军政人员、医生、学者等。

随着霞飞路商业的繁荣发展，保康里弄内也开设了百货店等商铺，据 1949 年初统计，宝康里里里外外共有商店 31 家，当铺 2 家，诊所 5 家，会计事务所、律师事务所、医院、小厂各 1 家。

◎ 新式里弄

新式弄堂住宅是在后期弄堂建筑的基础上发展而来，大约出现于 20 世纪 20 年代中期。在平面结构上，新式弄堂不再受单、双开间的限制，室内平面布局更显自由。卧室、厨房、卫生间等有了明确的功能区分，各种家用设备也更加完善。

新式弄堂住宅的一个最大的特点是没有了原来的石库门，取而代之的是铜铁栅栏门，围墙高度也大大降低。客房正对的天井有时会被绿化庭院所代替，建筑形式更加西方化，中国传统元素逐渐减少。

◎ 花园里弄及公寓式里弄

花园里弄住宅是一种标准更高的住宅形式，由联排式变为半独立式，更加重视建筑间的环境绿化。花园里弄住宅形式的内部空间结构、布局及功能已经完全西方化，具有西式的建筑风格，建筑楼层一般为三至四层。

公寓式里弄与花园里弄类似，并且同时期出现。所不同的是它不再是联立的住宅，而是一种分层安排不同居住单元的集合式住宅。公寓式里弄的出现标志着上海的弄堂建设已进入尾声。

错落有致，主次分明——上海弄堂的空间结构

上海弄堂住宅的空间艺术特色鲜明，弄堂中不同层次的空间序列将居住空间有序地分隔为公共空间、半公共空间、半私密空间和私密空间四个层次，其分别对应街道、总弄、支弄和住宅内部四个部分，对外形成了一个相对封闭的完整社区，对内又能带来一种浓烈的邻里感。

◎ 弄堂的对外空间

弄堂的对外空间是指沿街空间与弄堂口，沿街的弄堂仿佛是一堵厚墙，将城市嘈杂的街道与弄堂内部安静的环境分隔开，整个弄堂仅仅凭借几个弄堂口与外界进行联系，可谓是闹中取静，是一种理想的住宅区。

弄堂底层一般设有小商铺，二层阳台形式各异，瓦屋顶装饰有各种图案，错落有致，富有韵律。弄堂的沿街空间还给整个弄堂带来了强烈的视觉上的统一性与可识别性，形成了上海城市空间中最具有特色的街景之一。

上海弄堂街景

◎ 弄堂的对内空间

总弄

总弄为弄堂的对内空间，是全弄的交通要道。从空间结构来看，总弄由前后弄门及住宅山墙构成，支弄位于山墙之间。总弄是通往各支弄的主要看守，相当于现在的社区，起着弄内公共场所的作用，居民可以在此休息、聊天。

支弄

支弄具有更强的私密性，由前后两排住宅围合而成，宽度小于总弄，封闭性较强，是弄内最隐蔽、最私密的公共空间，有着强烈的内部感，外人一旦进入便会处于各家的焦点之中。

住宅

从支弄进入石库门，便来到了完全私密的住宅。院墙高高围起，产生出一种严格的"内外"之分。关上石库门，便与外界社会完全分隔开来，体现了中国传统居住方式中的封闭性与内向性的特征。

白墙黑瓦，漫步在安徽民居的青山绿水之间

心有所思

　　徽州地处安徽南陲，环境优美，山川秀丽，徽州商人活跃，形成了别具一格的民居建筑。安徽民居又称为"徽派建筑"，是中国传统民居的典型代表之一。安徽民居有一种优美而强烈的韵律感，漫步在安徽民居的青山绿水之间，别有一番滋味。那么，安徽民居建筑有哪些常见的类型？安徽民居建筑又有何特色呢？

　　徽派建筑多分布于安徽省东南部，位于皖、赣、浙三省的交界处。徽州丘陵起伏，青山碧水，气候温和、湿润。徽州人经商起源较早，商人致富后便回家建造宅院和祠堂，对当地的建筑业产生了重要影响。

　　徽州传统建筑规模宏大，建筑工艺精湛，类型丰富多样又能自成体系，与当地自然环境融为一体。徽州建筑具有鲜明的特色，其中最为著名的便是被誉为"徽州三绝"的古民居、古祠堂和古牌坊。

　　此外，徽州民居的一大特色是其与自然山水的完美融合。皖南地区丘陵起伏，山清水秀，村落大多依山傍水而建。村镇的住宅群按照地形和道路展开，分布密集，街巷狭窄，巷子两侧是高大的外墙。村镇旁边建有池塘，民居倒映于碧绿的池水之中，融水光山色于一体，美不胜收。

中国安徽黟县宏村

🌑 类型多样，楼居为主——徽派建筑的常见类型

徽州民居建筑比较注重实用性和舒适度，平面结构大多为正方形或者长方形的封闭式结构，以中型建筑居多，常见类型主要有三合院和四合院形式两种。

◎ 三合院形式的徽州民居建筑

徽州民居受到中国传统文化的影响，平面格局多为"凹"字形、"H"字形和"回"字形，以两层砖木结构的楼房居多。

三合院形式的徽州民居可分为大三合院和小三合院两类。大三合院由三间上房，两间厢房及天井三部分构成。上房楼下一般为"一明两暗"式的三开间，其中明间为厅堂，两个次间为卧室。厅堂一般分为正厅和内厅，正厅为主厅，用作接待来客，内厅位于正厅之后，主要用于接待亲友和处理日常家务。

小三合院与大三合院的结构基本相同，主要区别是小三合院的上房没有廊步。

◎ 四合院形式的徽州民居建筑

四合院形式的徽州民居在三合院基础上发展而来，也为两层楼房建筑，以天井为中心，四面房屋围合而形成一个封闭的"门"字。院落具有良好的通风性和透光性，四面屋顶将雨水导入天井之中，形成了独具特色的"四水归堂"式格局。

四合院也有大四合和小四合之分。大四合院有上房和下房各三间，上房进深大，设有前廊步，下房进深较浅，没有前廊步。上房高于下房，前

低后高，有着"步步高"的美好寓意。小四合院与大四合院的区别是不设檐廊，其他结构基本相同。

素雅秀丽，装饰精美——徽派民居的建筑特色

徽州民居建筑风格典雅秀丽，精于装饰，与自然环境和谐统一，具有鲜明的皖南民居建筑特色，其中最具特色的是马头墙、门楼等建筑。

◎ 马头墙

马头墙又称"封火墙"，是徽州建筑最突出的一个特点。马头墙是指房屋两侧山墙的墙顶部分，由于其形状酷似马头，故称为"马头墙"。远远望去，白墙黑瓦，犹如古城堡一般，宏伟壮观。

白墙黛瓦马头墙

马头墙墙体高大，可以将屋顶遮挡起来，避免被雨水打湿，从而使屋顶内的木结构始终保持干燥状态。马头墙还可有效防止火灾，并阻断火势的蔓延。此外，高大的马头墙还具有不错的防盗功能。

马头墙一般为两叠式或三叠式，层层递进，给人一种"万马奔腾"的豪迈、奔放之感，寄托了人们对家族兴旺、充满生机与活力的美好祝愿。

◎ 门楼

门楼是徽州民居的另一个重要特点。徽州民居的大门是整个民居的焦点，也是徽派建筑的亮点之一。门楼通常安装于大门上方，作用主要是防止雨水对墙体的冲刷，保护门板。

门楼的墙体、基座和门楣均为石砌，四周用青砖贴面。门楼采用水磨砖进行雕镂，结构严谨，样式精美别致。

门楼多用砖雕进行装饰，即在青灰砖上进行雕刻。徽州民居建筑的雕刻艺术精湛，具有浓厚的中国传统文化内涵。雕刻题材丰富多样，包括花卉、兽类、山水、人物等。比如，"岳母刺字""卧冰求鲤""苏武牧羊""孔融让梨"的雕刻图案集中体现了儒家文化"忠、孝、节、义"的传统内涵。砖雕艺术还广泛应用于民檐、屋顶等，具有浓郁的民间色彩。

徽派民居门楼

民居
课堂

徽州民居建筑的门楼

徽州民居建筑的门楼大致可分为三种类型：门罩式、牌楼式和八字式。

门罩式门楼最为常见，该种形式的门楼按照繁简程度又可分为三类。

徽派民居门罩式门楼

　　第一类是在大门门框上方将水磨砖一层层堆叠，向外挑出，几层线脚挑出墙面，在顶上覆盖瓦檐并雕刻一些简单式样的装饰图案；第二类是用水磨砖在门框上部砌成垂花门形状的结构；第三类是在左右两侧设云拱或者上枋脚头等。

　　牌楼式门楼一般为大户人家所采用，也就是门坊。常见的牌楼式门楼有单间双柱三楼、三间四柱三楼和三间四柱五楼。大门上方挑出一对双角翘起的飞檐，上面覆盖瓦片，像一对展开的燕翅。飞檐下方镶有砖雕图案，精美别致。

　　八字式门楼是牌楼式门楼的变体，两侧墙体呈"八"字形状，大门向内退，故称为八字式门楼。

宏村民居牌楼式门楼

徽派民居八字门楼

漫|话|建|筑

画中的村庄——宏村

宏村位于安徽省徽州六县之一的黟县东北部，村落面积 19.11 公顷，整个村依山伴水而建，村后以青山为屏障，地势高爽，既可以挡风、避免村落受到山洪暴发的冲击，又可以欣赏青山碧水的美景。

由于依山傍水而建，宏村有了水一样的灵性，这也使得它成为徽派建筑中最具魅力的村落，被誉为"画中的村庄"。

从空中俯瞰，宏村是一座奇特的牛形村落，共有民居 140 余幢。宏村最大的特色是遍布全村的人工水系。村中各户皆有水道相连，水流清澈，四通八达，汩汩清泉从各户潺潺流过，层楼叠院与湖光山色交辉相映，处处是景，步步入画，漫步其中，悠然自得。

宏村民居

宏村的著名景点有南湖春晓、书院诵读、月沼风荷、亭前古树、树人堂、桃源居、敬修堂、德义堂等，既有水乡风貌，又有人文古韵，独具匠心，别出心裁，令人赏心悦目，陶醉其中。

南湖位于宏村南首，呈弓形，湖堤分为上下两层，湖边古木参天，岸边的垂柳垂入湖中，仿佛少女的秀发一般。湖面荷花摇曳，碧叶连天，别有一番景致。整个湖面浮光倒映，水天一色，载一叶小舟，荡漾其中，感受大自然无穷的情趣。

月沼俗称"牛小肚"，是通过凿圳、挖掘而形成的半月形池塘，属于人工水系的一部分，主要作用是蓄条内阳水，供防火、饮用等。

宏村月沼

　　敬德堂建筑简朴雅致，是宏村民居的代表。厅堂背向排列，前后厅均有天井，两侧为厢房，南侧和北侧分别设有前院和厨房，东侧为小偏厅和大花园。敬德堂门楼上雕刻的图案精美细致，寓意丰富。如楼角处的龙头鱼（鳌鱼）尾表示希望自己的子孙能独占鳌头。鳌鱼下方为梅兰竹菊图，象征着家人能拥有高贵的品质。东鹿、西马图则寄托了主人对家族兴旺、事业飞黄腾达的美好祝愿。

东方城堡，承载着中国千年文化的福建土楼

心有所思

　　福建土楼位于福建省，主要供闽南人和客家人使用，是一种防御性建筑形式，也是当地最具特色的民居建筑。福建土楼规模宏大，造型奇特，令世人惊叹，具有极高的历史文化和艺术价值。其中，尤以客家土楼为代表，因此又称为"客家土楼"。那么，福建土楼主要有哪些类型和特色呢？

　　福建土楼产生于宋元时期，经过明清和20世纪初的发展逐渐趋于成熟，并延续至今。福建土楼历史悠久，结构奇特，功能齐全，种类繁多，是东方文明的一颗明珠，有"东方古城堡"之美誉。

福建土楼是以土做墙而建造起来的多层集居式建筑，有宫殿式、府第式等形式，造型各异，体态不一。土楼建筑比较重视实用性，结构较为简练，朴实无华，围合而成的高大墙体既坚实牢固，又充满着神秘感，被称为中国传统民居的瑰宝。

福建土楼鸟瞰图

🌏 造型奇特，形态不一 —— 福建土楼的建筑类型

福建土楼规模宏大，类型丰富多样，根据形态和布局结构，福建土楼大体上可以分为五凤楼、方楼和圆楼。

◎ **五凤楼**

五凤楼的名字源于它的建筑造型。屋顶大多为歇山顶式，屋顶平面坡度平缓，檐角平直，两侧的横屋仿佛是一对展开的翅膀，从高处向下看去，整座建筑犹如一只展翅欲飞的凤凰，五凤楼由此得名。

从平面结构来看，"三堂两横式"是五凤楼的标准形式，此外，五凤楼也有较为简单的"两堂式""三堂式""四堂式"，和形式较为复杂的"三堂四横式""六堂两横式"几种类型。

"三堂两横式"是指由三个厅堂和两侧横屋组成的建筑形式。三堂建在中轴线上，从前向后依次是下堂、中堂和上堂。下堂是门厅，两侧设有厢房（即"两横"），中堂主要用于商议大事，下堂和中堂多为单层建筑。上堂为多层建筑，设有多个房间，供长辈居住。

五凤楼的代表——福裕楼

◎ 方楼

方楼是最为普遍的一种土楼形式，数量众多，结构简练，围墙有的呈正方形，有的呈长方形，层数一般为2至5层，较为随意。方楼的屋顶出檐很大，仿佛一个盖子般罩在整座土楼建筑之上。从平面结构来看，方楼大多呈"日"字形或"回"字形。屋顶四面围合，形成一个方形的四合院落形式。

方楼内部布局规整，分为内通廊式和单元式两种，每层楼都设有一圈走廊，每层均有门与走廊相通。院内中间设置的房屋组成相对独立的小院落，祠堂便设在此处。

方形土楼一般底层用作厨房，二层用作谷仓，三层以上作为卧室，祖堂一般设在院内底层，正对大门。

福建方楼——和贵楼

福建土楼的内部结构

按照内部结构划分，福建土楼可分为内通廊式和单元式两种类型。

内通廊式土楼是指土楼内各个房间门前设有环形走廊，每层有四五部共用楼梯。在每层的通廊内分布的房间大小相同，规模一致，体现了客家人平等团结的文化理念。

单元式土楼是指各层没有相通的走廊，被划分为一个个的垂直单元，每单元拥有独立的门户和上下楼梯。集庆楼是单元式土楼的代表，每户前都立有一架木梯，每户都享有相对独立的空间，具有较强的私密性。

◎ 圆楼

圆楼在方楼的基础上发展而来，是土楼中最具特色的一种类型。圆形土楼是一个封闭的空间，以圆心为中心环环相套。圆楼外围是厚约 2.5 米的土墙，楼内建有环列式楼房，楼层高度一般为 2～3 层，大型圆楼高度可达 4～6 层。其中一层为厨房、餐厅，二层为谷仓，三层以上用作卧室。

楼内为宽敞的庭院，庭院中可根据居住和生活需要再建环楼，也可建为平房。圆楼的楼顶为环形两面坡式，上覆青瓦，在遮阳的同时又能有效保护墙体。

为增强楼体的防御性，一般一层外墙不开窗，二层以上也只是开设有小窗，并且一座楼只有一个门。

福建圆楼——承启楼

漫|话|建|筑

永定土楼中的集庆楼

福建土楼于 2008 年被列入世界文化遗产名录，包括福建省永定、南靖、华安三县的 46 座土楼。其中，永定土楼主要由初溪土楼群、洪坑土楼群和高北土楼群组成，是"申遗"的重要组成部分。

集庆楼位于福建省永定县下洋镇，依山面水，与紧邻的4座圆土楼和31座方土楼相呼应，构成风光秀丽的初溪土楼群。

福建永定初溪集庆楼

集庆楼建于明永乐十七年（1419年），是福建土楼中年代最久远的土圆楼之一，结构独特。集庆楼由两个环圆形楼组成，高四层，底层53开间，二层以上每层56开间。底层为厨房，二层为粮仓，三层以上为卧室。外环第四层外墙设有9个瞭望台，便于观察村口的动静，增强防御功能。

集庆楼内部结构原为内通廊式，后经过改建，二层及以上改为单元式，每户从一层到四层各自装有楼梯，各层通道由木板隔开，全楼共安装有72部楼梯，分为72个独立单元。因此，集庆楼是单元式土楼的代表。

御外凝内，坚实牢固——福建土楼的建筑特色

◎ 御外凝内

福建土楼属于集体性建筑，其建筑方式是出于族群安全而采取的一种防御性的建筑形式。历史上，该地区常有倭寇入侵，内战频发，客家人举族迁移，来到这片土地之上。为抵御外来入侵和野外猛兽的威胁，客家人选择了这种造型独特、具有很强防御性能的建筑形式。

这种建筑由高高的墙体围合而成，避免了来自外界的干扰，同一个祖先的子孙们在一幢土楼里形成一个独立的社会，增强了家族间的凝聚力，有利于家族团结一致、和睦相处。

◎ 坚实牢固

福建土楼的建筑材料就地取材，包括土、沙石、竹木，甚至有红糖和蛋白等物质，外形坚固，牢不可摧，在增强防御性的同时，还具有防火抗震、冬暖夏凉等功能。

福建土楼的墙壁下面较为厚实，在建墙时，需先在墙基处挖出墙沟，埋入大石，然后用石块和灰浆砌筑，形成坚实的墙基。土墙的原料以当地的粘质红土为主，掺入适量的小石子和石灰。

为增强黏性，一些关键部位还要掺入适量红糖。经过反复的夯筑，便筑起了有如钢筋混凝土般的土墙，再加上外面抹了一层石灰，因而坚固异常，具有良好的防风和抗震能力。

福建土楼墙体建筑

精巧秀美，化为"一颗印章"的云南四合院

心有所思

　　云南山清水秀，风景优美，当地民居经过长期的演变，具有浓厚的乡土气息和鲜明的民族特色。云南作为一个多民族的聚集地，其民居建筑在结构和布局上风格迥异，在外形上也丰富多样，呈现出一番百花争妍的景象。其中，尤以云南当地的汉族人民所居住的四合院形式为代表。那么，云南四合院的布局是怎样的呢？此类民居又具有什么特点呢？

　　四合院形式的民居建筑多分布在云南中部地区，四周房屋为两层，以天井为中心，住宅外面采用高墙，墙上不设窗。该类型的云南民居建筑由正房、厢房（耳房）和倒座组成，整个外观方方正正，犹如一块印章，因此也被称为"一颗印"。

云南"一颗印"为土木结构，与北京四合院有很多相似之处。但四合院所需建筑面积较大，由于云南山多地少，便转变为"一颗印"式的建筑形式。另外，北京四合院一般为单层建筑，而云南"一颗印"大多采用两层建筑。

🌏 方方正正，错落有致——云南"一颗印"建筑布局

◎"一颗印"民居的基本规则

云南"一颗印"民居的基本规则是"三间四耳倒八尺"，即三间正房，四间耳房，中间为进深 8 尺的天井，故称为"倒八尺"。

云南民居"一颗印"

"一颗印"住宅多为两层楼房，正房和耳房均为两层，正房高度较高，两侧各有两间耳房，耳房略矮。三间正房与四间耳房相连，耳房之间是宅院和门楼。院子中央是天井，是宅院采光、通风、换气和排水的主要通道。

三间正房的底层中央一间是招待客人的主要场所，其余两间用作卧室。而二层正房的中央一间为祖堂，其余房间用作卧室或储物处。底层耳房作为厨房及牲畜栏圈。

漫 | 话 | 建 | 筑

"一颗印"民居代表——宏仁村

宏仁村隶属云南省昆明市官渡区矣六乡，是云南典型的"一颗印"民居建筑的代表。

众多学者在2017年向当地省级市级和区级单位递交的"不可移动文物"申请中描述到："宏仁村419号民居是清代典型的'一颗印'民居，木雕及建筑技艺极精，属清末民初的历史建筑，具有良好的典型性、完整性及真实性，具有重要的文物价值。"

北京大学人类学家朱晓阳教授从20世纪70年代就开始了对该村落的田野调查和写作，先后出版了与村落有关的《罪过与惩罚：小村故事（1931—1997）》和《小村故事：地志与家园（2003—2009）》。

但是，在过去二十年中，随着城市的扩张，宏仁村已几乎成为一片废墟，逐渐消失在人们的视野中，甚至不少居住在附近的人们对宏仁村却一无所知。

◎ "一颗印"民居布局的优点

云南"一颗印"民居布局主要有以下三个优点：

"一颗印"民居是一种集约型住宅，可以节约用地，极大缓解住房紧张和土地不足的问题，适应了当地需要。

"一颗印"民居的正房和耳房排出腰檐，可有效阻挡太阳光的强烈照射，避免由于太阳直射造成室内温度过高而给人带来不适。

正房较高的双坡屋顶短坡向外，可以起到防火防盗的作用。

高墙小窗，小巧灵便——云南"一颗印"建筑特色

◎ 双坡顶

"一颗印"民居主房屋顶稍高，为双坡硬山式。耳房屋顶为不对称的硬山式，分长短坡，长坡向内院，短坡向墙外，可有效提升外墙高度，起到防盗、防风和防火的作用。

◎ 外包土墙

"一颗印"云南民居建筑为穿斗式构架，外包土墙或土坯墙。外墙较为封闭，底层不设窗，只在二层开一两个小窗，前围墙较高，可达耳房的上层檐口，具有良好的私密性。

院内各层屋面均不互相交接，正房屋面高，厢房上层屋面正好插入正房的上下两层屋面间隙中，厢房下层屋面在正房下层屋面之下，无斜沟，在一定程度上避免了雨水的侵蚀。

单坡顶和双坡顶结构

一般而言，房屋坡顶结构包括单坡顶、双坡顶等多种类型。

两者主要有以下三个方面的区别。

第一，屋顶样式不同。单坡顶的屋顶只有一侧是斜平面，而双坡顶的屋顶有两个斜坡面。

第二，用处不同。单坡顶多用于厂房和车间，双坡顶通常用于住宅。

第三，屋顶制高点不同。单坡顶制高点在一侧墙体上方，双坡顶的制高点往往在屋顶中央两个斜坡面相交处。

第六章

苍茫中的豪迈

遥望北方少数民族的特色民居

北方地势西高东低，有高原、沙漠、平原等多种地形地貌，或水草丰茂，或风沙弥漫。生活在北方的少数民族，性格豪爽、勇敢且热情。这与他们不断适应自然环境有关。而与自然相适应的，除了民风民俗的发展，还有当地民居建筑的产生与变迁。

　　苍穹之下，草原之上，白色的点缀是蒙古族的蒙古包。沙漠边缘，绿洲珍贵，那带着花纹的异域风情是维吾尔族的阿以旺。低山缓丘与湖盆宽谷，千里奔袭，目及之处，经幡在砖石的建筑前迎风摇动，那是属于藏族人民的家——碉房。

　　北方少数民族民居，承载的是北方民族千年传承的物质与精神文化，建造粗犷却不失细致，结构简单但坚实耐用。草原、沙漠与高原，在这些随时要与自然环境和气候变化作斗争的土地上，北方少数民族发展出了一套属于他们的安居之法。

穹庐夜月听悲笳——蒙古族蒙古包

心有所思

　　生活在内蒙古自治区的主要少数民族——蒙古族世居草原，以畜牧为生，逐水草而居。在建筑物资贫乏的草原地区，充满智慧的蒙古族人民利用有限的自然材料建成了他们的民居——蒙古包，它既能应对草原上时有的恶劣天气，又能随时拆卸方便移动。你知道兼具灵活与稳定双重特性的蒙古包究竟应用了怎样的建造技术吗？

　　南北朝时期，曾有一首著名的敕勒民歌，名为"敕勒歌"。它歌颂了壮丽富饶的北国草原风光，吟咏了草原儿女热爱家乡、热爱生活的豪情。

敕勒川，阴山下。

天似穹庐，笼盖四野。

天苍苍，野茫茫，风吹草低见牛羊。

在这首民歌中，"天似穹庐"一句中的"穹庐"，指的便是蒙古包从前的名字——毡帐。

苍茫草原上洁白的蒙古包

亚细亚的传说——蒙古包的由来

"亚细亚"是亚洲在古时的名字。相传，这个名字是由古代腓尼基人所起，意思是"太阳升起的地方"。在广阔的亚洲土地上，有一片辽阔的草原——蒙古草原。在蒙古族崛起以前，蒙古草原曾被匈奴、鲜卑、柔然、突厥等游牧民族所统治。这些游牧民族的居所通常以毡帐的形式出现，也就是蒙古包的前身。

毡帐，指的是毡制的帐篷。毡指的是用野兽的毛皮制作的片状毛料。早先的毡帐以木杆支撑，是人类早期的建筑形式。而后，这种建筑形式被发展为两种不同的民居建筑类型。一类是歇仁柱式，是以兽皮、树皮及草叶子做顶，木杆支撑的毡帐，多为鄂伦春人所使用，歇仁柱即鄂伦春语中的"木杆屋"。另一类就是为蒙古族所使用的穹顶圆壁、用毛毡遮盖的蒙古包了。

蒙古包作为蒙古族一直以来的民居，已经经历了两千多年的历史。无论是蒙古族的王公贵臣还是平民百姓，无一不居住在蒙古包中。"蒙古包"一词本源于满语，称蒙古族人住的房子为"MONGGO BOO"，其中"BOO"在满语中是"家"的意思。因为"BOO"与"包"音近，在用汉语翻译的时候就变成了"蒙古包"。于是，蒙古族人的民居在汉语中便以"蒙古包"一词流传了下来。而在现代的蒙语中，蒙古包则被称为"蒙古勒格日"。意为"蒙古人的房子"，其中的"格日"是蒙语中"家"的意思。

旷野之上的家园——蒙古包结构概览

随着蒙古族的发展，蒙古包的大小、装饰形式也逐渐不同起来。蒙古包最初产生的需求就是供蒙古族家庭居住使用。因此，蒙古包的大小通常也会根据蒙古族家庭的成员数量而定。若家庭成员人数较多，则蒙古包的直径会更长，或是会建造多个蒙古包以供居住。

当蒙古族文化逐渐成为中国最具特色的少数民族文化之一后，蒙古包也成为一种建筑艺术，出现了可容纳千人的传统蒙古包，也出现了在世界各地的景点展出的供观赏互动的蒙古包形式。

虽然根据开放的需要，观赏类蒙古包逐渐增多，但是蒙古包仍多以民居的形式出现在草原上。普通蒙古包高约 10～15 尺，从外形上看为圆形。虽然蒙古包的圆形形态表现了蒙古族人对腾格里（即苍天）的崇拜，但是蒙古包被设计为圆形主要是为了应对草原上的各种气象情况。

呼伦贝尔草原上供大型活动使用的蒙古包

蒙古包的顶为拱形，目的是不存积雪雨水，保持房屋稳定。包身为圆柱体，其目的是减少刮风对蒙古包造成的损害，圆柱形包身可以使空气阻力降低到最小。其主要结构为架木、苫毡和绳带三部分。

蒙古包的木质内壁在蒙古语里被称为"哈那"。哈那正是蒙古包结构中架木的一部分。苫毡则指的是包裹蒙古包的毛毡，它可以是顶毡、围毡、毡门等多种类型，有保温聚热等功能。绳带则是用来最终固定蒙古包的结构，使架木和苫毡始终保持位置的稳定。由于蒙古包的包顶和侧壁以洁白的羊毛覆盖居多，因此蒙古包的主体多以白色呈现。

◎ 木头的艺术——蒙古包的架木结构

架木，在蒙古包的建造中指的是哈那、乌尼、套瑙三种木质结构形式。而这三种木质结构指的分别是蒙古包从上到下的包身框架、衔接部位以及包顶的顶端结构。

正在建造的蒙古包

哈那是蒙古包包身框架组成中的木片，经过组合后用来固定蒙古包的包身形状。为保证其美观且柔韧度足够，防止受潮走形，哈那一般选择质地均匀，能够对干旱荒漠环境有较强适应性的红柳作为材料。

制作工匠将红柳木材制作成各种长度的木棍，再按照相应的长度相互钉起来，随后用马皮绳捆绑，最终形成网状结构，即哈那。拉开后便形成了相应宽度与高度的栅栏，栅栏与毡门相连接，围成一个圆，蒙古包的包身框架就形成了。普通小家庭的蒙古包一般会有由红柳组成的四片哈那，而人多一些的牧民家庭，哈那的数量可能会增加到六片或是八片之多。

顺着包身框架向上看去，在搭建蒙古包的包顶前，需要做一个椽子。椽子在汉族建筑中指的是屋面基层的最底层构件。在蒙古包的建造中，这个椽子指的是包身的哈那之上的连接部分，在蒙语中被称为"乌尼"。乌尼的制作材料同哈那一样，也要是红柳一类的坚实木材，有时也会使用松木制作。乌尼向上连接套瑙，向下连接哈那，是向外呈放射状的细木长条。乌尼的长短需要由套瑙的大小来决定，这样才能保证蒙古包建成后，无论从什么方向看都是弧度适中的圆形。

呈放射状的衔接结构——乌尼

套瑙，从这个名字的发音上就容易让人联想到"脑"，套瑙是蒙古包的最顶端，确也是蒙古包的核心部分，它主要是作为"天窗"使用。除了"天窗"的作用外，套瑙还需要起到排烟的作用。由于蒙古包是木质结构，并且外壁内饰多为毛毡，如果不能将蒙古包内的油烟去除，油烟味就会大量附着到毛毡上，因此套瑙就需要像烟囱一样，能将油烟排放到蒙古包外。

套瑙的材料更加要求木质结实耐用，因此套瑙通常会选用檀木或榆木来制作。套瑙通常分为插椽式套瑙和联结式套瑙两种。插椽式套瑙是最常见的套瑙形式，下方是乌尼。乌尼和套瑙以套瑙打孔，孔间用铁环连接，铁环又与乌尼连接的方式穿插在一起进行固定。通常除了最外层的一圈铁环外，还有第二圈铁环来稳定框架。

乌尼与套瑙结合在一起整体框架稳固搭好后，蒙古包的基本外形便出来了，接下来就要铺毡了。

做好装饰的蒙古包顶端——套瑙

◎ 令人安心的温暖——蒙古包的苫毡体系

当架木结构完成后，就要对整个蒙古包进行铺毡。苫毡中的苫指的是用毛草编成的覆盖物，因此苫毡主要就是指蒙古包架木上的覆盖物。苫毡就相当于蒙古包的衣服，人外出穿衣通常会分上衣、下装，蒙古包也有这样的上下分类。

苫毡体系的形成是以架木结构为基础的。从下往上看，用于覆盖哈那的苫毡叫"围毡"，用于覆盖乌尼的苫毡是"顶棚"，而覆盖在套瑙上的苫毡则为"幪毡"。

围毡相当于蒙古包的下装，为了让冬天的蒙古包温暖起来，围毡最少也要有三层。根据哈那的圆柱造型，围毡通常会被制作成近似长方形的形状，以便更好地适应哈那的形状。围毡靠上的毡边被称为领子，而底边则被称为下摆。

蒙古包的围毡

　　顶棚是蒙古包顶上遮盖乌尼的苫毡。顶棚相当于蒙古包的上衣，在戴上幪毡这顶毡帽之前还需要在乌尼上套上两片顶棚。顶棚也和围毡一样，一般要盖三到四层。顶棚是一个中空的圆形，中空的部分相当于套瑙的大小。顶棚根据蒙古包的大小剪裁好后，通常还要压边，有能力的家庭还会进行镶边，这样能够让做好的顶棚更加结实，也更加美观。

　　幪毡是最终在套瑙上覆盖的部分，也是苫毡中制作和固定最为简单的形式。幪毡通常是长方形或正方形的，四个角上坠着四根绳子，其中有三根是需要固定在围绳上的，而剩下的一根则是松开的，天亮时只要拉动这根绳子，就相当于打开了天窗，阳光就会渗透进来。雨雪天气时则可以让幪毡把套瑙盖住，防止雨雪落进屋子。

　　由于蒙古包是以椽子固定框架，毛毡包围整体为形式，因此在蒙古包的搭建过程中围绳也是必不可少的存在。围绳通常会使用马鬃制作，相当结实。围绳还分为内围绳和外围绳两种形式，内围绳用来固定哈那，而外围绳则用来固定毛毡。

用来固定蒙古包苫毡的围绳

正直与自由的映像——蒙古包的色彩与装饰

民居建筑的色彩与装饰通常能够体现一个民族的文化生活以及他们所崇尚的性格特征。而在我们的印象中，蒙古包的色彩通常都是以白色为主的。那么蒙古族人民是怎样将他们正直、自由、勇敢、机敏等性格特征融入蒙古包的色彩与装饰当中的呢？

蒙古族人喜欢用明亮的色彩搭建蒙古包，那热情似火的性格，刚正不阿的灵魂转变为明艳的色彩，用艳丽的色彩语言向来访的客人诉说着这个直爽的民族。大部分蒙古族人民居住的蒙古包内部的颜色都是以橙色为主的，而如寺庙等祭祀场所的毡房则会选用红色。

根据季节的不同，蒙古包内的装饰也有所不同，冬天时，蒙古族人民会在毡房的地上铺上一层厚厚的牛羊皮，然后再铺上毛毡或毛毯等。用于装饰的毛毯通常是由马鬃或驼毛制作的绣线纺织而成的，比起普通的毛毡更加具备装饰性，样式也更为丰富。巧手的工匠用这些绣线绘制毯子上不同的图案，形成了花样不一、种类繁多的装饰毛毯。

内壁上的装饰色通常也是以鲜艳的红色及橙色作为主色调的。主要用绸缎制作的挂帘遮挡住白色的围毡。这些挂帘在蒙语中叫作"呼希格"。如果是冬天，人们还会在挂帘的基础上再挂上绣有藏族特色图案的挂毯或珍贵的毛皮，既增强了保暖效果，也更加美观。

聪慧的蒙古族人民学会了在草原上与自然共存，他们使用大自然给予的资源，也守护着大自然创造资源的力量。在这样的和谐共存中，蒙古族人创造性的建造能力得到了充分的历练与展现，这才形成了如今我们仍能看到的蒙古族民居——蒙古包。蒙古包也是一种具备一定环保效果的绿色民居建筑。

典型的蒙古包内部装饰

民居
课堂

苏武牧羊与蒙古包后方的木杆由来

　　我们都知道这样一个故事——苏武牧羊。汉朝出使匈奴的使臣苏武被匈奴王扣留。被扣留之后的他失去了饭食，住在一个露天的地穴之中，匈奴王希望用这样的方式劝降苏武。

　　然而，即使是在这样艰苦的环境中，苏武依然没有臣服，渴了就喝雪水，饿了吃身上羊皮袄上的毡子。匈奴王敬佩苏武的气节，便不再对苏武施以酷刑。但是，苏武仍然没能回到中原，他被流放到人迹罕至的北海边，自己放牧，种田。日子依旧十分艰苦。

在这样的生存环境里，一直陪伴苏武的是那根象征着他使节身份的节棒。即使节棒上的毛掉了，飘带磨损了，他依然带在身边，时刻提醒自己使臣的身份，在经历了长达十九年的流放生活后，苏武终于被放归长安。回归长安后，百姓争相出门迎接，赞颂他是一位有气节的大丈夫。

传说后来在匈奴所在的地区，也有这样一群人用自己的方式纪念着这位拥有惊人意志力的汉朝使臣。知晓此事的当地牧民们在他们的蒙古包后，树立了一根光溜溜的木杆，以此作为苏武随身携带的节棒的象征，表现着不屈的气节。这样的传统代代相传，一直延续至今。

庭院深深深几许——维吾尔族阿以旺

心有所思

　　维吾尔族，是一个能歌善舞的民族，是一个热情的、开朗的民族。当维吾尔族人们迎接远道而来的客人时，总是希望能够给予客人最好的招待。

　　我们都知道，在待客美食上，烤馕、奶茶、手抓饭以及各式果干都是维吾尔族的特色。但想要很好地款待客人，就一定要有一个敞亮且舒适的场所，待到客人落座，才能将特色食品摆上桌，供客人品尝。那么，你知道对于待客十分讲究的维吾尔族家庭来说，他们会将待客的场所设置在哪里吗？

　　维吾尔族的民居建筑中，有一种应用广泛，极具特色的建筑形式，名为"阿以旺"。"阿以旺"在维吾尔族语言中意为"明亮的居所"。"阿以旺"这一名称既是这类民居的统称，又是这类民居建筑布局的核心——"阿以旺厅"的名称来源。而阿以旺厅之所以成为核心，正是源于它的功能——款待客人，欢庆佳节。"阿以旺厅"便是维吾尔族家庭中招待客人的主要场所。

　　接下来就让我们踏上古丝绸之路，前往沙漠绿洲中的新疆，去探访"阿以旺"这一独特的维吾尔族民居建筑形式。

新疆维吾尔族传统民居

多功能的综合性空间——阿以旺的建造之法

◎ 阿以旺的整体形态

阿以旺形式的民居大多都是独立的院落，主要是由室外庭院和室内居室组成。大部分的阿以旺建造都是维吾尔族家庭自己设计完成。阿以旺的空间大小与房间多少没有严格的规则限制，主要也是根据家庭人口的多少及经济条件的好坏来确定。

任何民居建筑的形成都离不开环境因素与人文因素的双重影响。维吾尔族人民居住的新疆地区因沙漠气候导致常年干旱少雨多风沙，早晚温差较大，环境条件较为恶劣。为与这样的环境条件相适应，防寒避暑防风沙，阿以旺形成了它的一个显著特征——坚实且封闭。

阿以旺整体建筑材料以泥土木材为主，属于土木混合结构。不管经历了多少年的融合与变迁，阿以旺的整体外观形态都没有太大的改变。依然是高大厚实的土制外墙，加盖草泥的屋顶。为了抵挡风沙，墙面通常只在较高的位置设置侧窗，防风沙的同时还能达到一定的采光效果。内部则由木柱木椽支撑来稳固房屋结构。

阿以旺受环境因素影响产生的特征主要体现在建筑取材与构造上，而受人文因素影响而形成的特征则主要体现在其内部的空间布局上。当地居民多年来形成的民风民俗深刻地影响了阿以旺的内部空间布局。与维吾尔族人民的开朗性格与热情好客、热爱活动和庆典的民风民俗相适应的是阿以旺中的"阿以旺厅"，它是维吾尔族人民待客与活动的重要场所。

新疆吐鲁番传统民居

　　阿以旺的整体形态符合了当地居民的物质与精神需求。阿以旺基本是全封闭的闭合院落，通常只留有一门出入，这也是为了应对当地恶劣的气候环境。庭院通常并不位于进门的正中央，而是位于整个院落的一侧。真正位于阿以旺中心位置的是"阿以旺厅"，其他所有的功能房间与外部空间都是围绕"阿以旺厅"建成的。

◎ **阿以旺的室外空间**

　　阿以旺的室外空间承载了户外活动、种植、畜牧以及晾晒粮食等多重功能。

　　维吾尔族人民相当重视户外生活，甚至有时吃饭、待客都在室外进行。因此，一个布局合理的庭院就显得尤为重要。除了作为连接室内居室的通道外，阿以旺的庭院中通常还设有果园，果园中种植有各式各样的水果。葡萄架是阿以旺庭院中最有特色的布置，既作为种植使用，又能遮挡阳光。平日里，维吾尔族居民会在庭院中休闲纳凉。招待宾客时，也会先将客人引至庭院中小憩片刻，用新鲜的瓜果招待一番后，才引入室内做客。

除了设置果园，种植瓜果蔬菜外，畜牧也是维吾尔族人民维持生计的方式之一，牛羊是当地居民主要摄入的肉类来源。因此，在阿以旺庭院中，通常还会辟出角落的一隅，或是直接设置侧院作为畜牧圈使用，一方面能够隔开庭院的互动区域，另一方面也能够保证良好的通风，减少畜牧圈的异味。

此外，在室外空间与室内空间衔接的地方，维吾尔族居民通常还会建造相应长度的走廊，作为室内室外空间的过渡。

◎ 阿以旺的室内空间

阿以旺的各功能性房间都是以单层建筑的形式出现的，但由于各房屋高度与面积都有所不同，从而使阿以旺从远处看有一种高低错落的美感。

阿以旺的室内空间从平面上看去就是各个功能性房间包围着阿以旺厅。阿以旺厅既是室内空间中的核心部分，也作为连通各个房间的枢纽而存在。

阿以旺厅是阿以旺最具特色的房间，也是整个民居中墙体最高，面积最大，最明亮的房间。阿以旺厅的功能除了平日的起居与会客，还可供居民在节日庆典、婚姻嫁娶活动中聚会使用。普通人家的阿以旺厅就可以达到40～50平方米，厅内仅摆设少量的家具，四周由宽敞的土炕围绕。炕上有地毯、小桌，可供往来的宾客休息与饮食使用。在聚会上，维吾尔族居民还会在炕上翩翩起舞，其他亲朋好友唱歌伴奏，热闹非常。

围绕在阿以旺厅四周的便是生活居室，如主客卧室、储藏室等。根据家庭人口的多少，这类居室通常以三间房间为一组，通常设置两到三组。主卧室、储藏室等房间通常联系在一起，位于同一方向。而客卧则与其他房间分隔开来，独立在阿以旺厅的另外一侧，这也从侧面表现了维吾尔族人民对客人的重视程度。

🌐 异域的神秘——阿以旺的装饰之法

装饰，对于充满生活情趣、开朗奔放的维吾尔族居民来说是非常重要的。它是维吾尔族居民对民风民俗与社会文化的一种提炼。

◎ 主题与内容，对生命的期盼与思考

一个民族的建筑装饰艺术源于他们源远流长的民族传统文化的积淀，阿以旺的装饰艺术同样不例外。鲜明的民族以及地域特征让维吾尔族居民在建筑的装饰设计上拥有了丰富的想象力，并产生了种类丰富的主题与内容。其中，又以植物、抽象几何的运用最为常见。

植物是在阿以旺装饰中运用最为灵活的一类主题，它主要是维吾尔族居民盼望丰收，寄予生命与希望的象征。常用的植物花纹也多与居民种植的果实有关，如葡萄、杏等。几何纹样则多以常见的几何图案出现，如圆形、椭圆形、方形、菱形等。几何纹样的使用比起植物花纹要更严谨一些，其代表的世界观也更为庞大，有生命的延伸和对世界的思考等含义。

◎ 外粗内秀，阿以旺的装饰部位与工艺

从阿以旺的外观上看，土木结构的院落除了大门与侧窗上有丰富的装饰图案外，似乎阿以旺的装饰就到此为止了。但如若走进阿以旺的大门，进入房屋的内部就会发现，维吾尔族人民对于装饰的讲究真正是从这里开始的。

"外粗内秀"是阿以旺民居装饰艺术的特点之一，维吾尔族居民根据内在装饰的不同部位还发展出了不同的装饰工艺与之匹配。阿以旺的门窗形成了具有明显伊斯兰风格的拱形设计。阿以旺的门窗、房间中起承重作用的柱（如阿以旺厅的厅柱）等是阿以旺图案装饰的重点。与之相配的技艺有木雕、彩绘、尖拱造型、石膏雕花、琉璃花砖等。

木雕与彩绘通常出现在阿以旺的大门、窗户以及廊柱等位置，木雕图案多以植物、几何等图案为主。而彩绘则发展出了更丰富的类型。阿以旺的彩绘通过平涂、描金等手法，将更多与民俗、信仰有关的纹样融入装饰当中。同时，受到古丝绸之路文化交流的影响，也有许多其他国家的图案被用于阿以旺的彩绘装饰。石膏雕花、琉璃花砖等装饰技艺则多用于墙面和地面的铺设。

阿以旺民居建筑从材料选择到装饰工艺都是维吾尔族人民千年传承的民族文化的展现。这种民居建筑一直流传至今，使其拥有了功能与文化研究的双重价值，也成为如今许多建筑设计师的灵感来源。

精心装饰的阿以旺大门

漫 | 话 | 建 | 筑

古精绝国民居——阿以旺的雏形

　　散布在尼雅河古河床沿线的尼雅遗址是汉晋时期古精绝国的旧址,虽然经历国家的兼并与融合以及时代的变迁,古精绝国已不复存在,但在其遗址上发现的如寺院、河渠、场院、陶窑等多类建筑遗迹给后世留下了巨大的历史研究价值。这其中当然也包括最为重要的一类——民居建筑遗迹。

在遗址的考察中，考古人员发现，在尼雅遗址中出土的民居建筑中有一种以大厅作为中心，小房间围绕它而建成的复合式民居。民居中的大厅有平顶，内部还有以木棍搭成的天窗。在类似庭院的位置还有果园存在的痕迹。

这种被发现的民居建筑遗迹拥有阿以旺的多项建筑特点，如空间布局，建筑材质等，这正是阿以旺民居的早期雏形。尼雅遗址的考古资料证明，阿以旺这一民居形式至今已拥有 1600 余年的历史，是新疆地区最古老、最具研究价值的民居形式之一。

古朴粗犷倚山立——藏族碉房

心有所思

　　神圣的布达拉宫坐落在高山之上，为红白色彩铺就，由铜瓦鎏金点缀。我们可能都知道，这座雄伟的宫殿是藏王松赞干布兴建的，历经千年沧桑，依然雄伟辉煌。你知道这座极具藏族色彩的宫殿到底是由怎样的材料筑成，又是以怎样的技法兴建的吗？

　　布达拉宫始建于公元7世纪，松赞干布迁都拉萨后，迎娶了唐朝文成公主，这是一段历史上的佳话。文成公主为西藏带去了生产技术、医药书籍等，加强了唐蕃之间的联系，而松赞干布则为文成公主修建了布达拉宫。这一至今令到访者叹为观止的建筑奇迹，是以石材、木材以及铁水等材料筑成的。

灌入铁水只是为了加固墙体，防止倒塌，布达拉宫的主要结构仍然以石木结构为主，其建筑工艺的灵感正是源自同样以石木结构为主的藏族传统民居形式——碉房。

乱石垒砌的家园——"堡寨"给予的安心

藏族碉房在藏语中被称为"卡尔"或是"宗卡尔"，意为"堡寨"。为了适应高原之上的气候及环境，使自己和家人能够在起伏的峻岭之间生存，藏族人民发明了碉房这一民居建造形式。据相关史书记载，碉房出现的时间距今已有近 2000 年了。

旧时的碉房其主要的建造材料是乱石土筑，后来根据当地环境条件以及对于房屋稳定性的要求改为石木结构。但无论建筑材料怎样变更，碉房的做工仍然保持着古朴粗犷的风格。碉房并不是藏族唯一的民居建筑形式，却是最具藏族特色的民居建筑。

藏族碉房群

粗犷中的细致——碉房的特色布局

碉房的建筑材料主要以当地的石头、泥土和木头为主，在建造房屋前仅经过简单的加工。碉房的整体做工与平原地区的砖瓦楼房相比确实稍显粗犷了些，但碉房内部的布局结构确是异常细致，每层楼都有其特定的安排。

碉房一般都有二至三层，每一层的内部构造、功能和布置都能够体现属于藏族的独特风格。

碉房大体结构

◎ 生计是生活的一部分——畜牧的一层

碉房整体只设计一个入口，位于一层。这一建筑传统也从碉房诞生开始一直延续至今，现代的研究者们认为这样的出入形式主要是出于安全防卫的考虑。

碉房的一层一般是作为畜牧圈使用，通常墙面较为低矮且不设窗户，只是在最高处打出几个小孔来透光，这样的设计主要是为了防盗。

一层的畜牧栅栏通常与支撑二层的柱子衔接，而用于支撑的柱子多少，放在什么位置则和二层的房间布局有关。因此，一层畜牧圈如何进行空间分割，也直接取决于二层的房间分割。

在畜牧圈中通常会设置牛、马、羊等分圈以及堆放饲料的位置。在每一个分割出来的空间中，会在靠墙的位置建造饲料池。

◎ 一应俱全的生活场所——起居的二层

碉房的楼梯通常设在大门的一侧或是进门的正中央，古时的碉房楼梯通常就是一条简单的，可以活动的斜面木梯，用的时候放上，不用的时候就收起来。后来，为了起居的方便，藏族人民便在碉房建造时直接以石木结构建造好楼梯，比起木梯安全稳固了许多。

二层是全家人日常生活的地方，为居住层。二层的空间通常较宽阔，根据家庭人口、条件和需求的不同，通常会把空间分割成大小不同的房间以实现不同的生活功能。碉房二层设置有主室、敞间、卧室、储藏室，大一些的碉房在布局上还会将卧室分为主卧、次卧，将敞间分为客室和敞厅等，还有可能会单独辟出一块空间作为阳台。

主室通常被用来做用餐或待客的区域，一般的家庭会直接在这个房间内建造厨房，冬季还可以直接通过厨房的炉灶或火塘取暖。主室的一侧通常是储藏室，方便随时存取粮食和生活用品。卧室与惯常的房屋建造一样，与主室相连，较为隐蔽。

◎ 晒场与经堂——至关重要的三层

碉房的第三层通常也就是碉房的顶层了。在碉房的建造中，这个顶层的布局设计要比另外两层还要重要，因为碉房的顶层不仅要有泄洪功能，还要有在晴日晾晒粮食的作用。更重要的是，碉房的顶层需要辟出一个独立的空间作为经堂使用。

经堂的上方便是碉房的屋顶，碉房的屋顶大多有一个裸露的平台。在屋顶的周围通常设有排水槽，雨水可从排水槽泄出。而在艳阳高照的日子里，碉房的平顶又成了晾晒粮食再好不过的场所。

个性鲜明——碉房的装饰艺术

◎ 千变万化的图案装饰

藏族地区民居装饰中最常见的纹饰主要是图案纹饰。除了少量受到了中原汉族装饰观念的影响，藏族地区的装饰艺术可以说是自成一派，没有被过多的文化元素所影响。

在当地民居当中，小到日用器皿，大到门窗墙壁，都能见到精美的装饰图案。藏族人民喜爱用这些不同颜色、不同图案的纹样来装点美化他们的生活。藏族传统的装饰图案发展至今已经形成了自己的图案装饰库，种类多样，变化万千。如果依据出现频率高低来排序，最常见的图案装饰主要有动物图案、植物图案、佛教图案以及文字图案等。

藏族建筑装饰中的动植物与波浪纹样

动物形象是藏族人民装饰中最常见的装饰题材之一，人们将与自己生活息息相关的动物形象融入民居的装饰当中，常见的动物图案有牦牛、兔子等。此外，如龙凤一类的抽象动物也时有出现，这与藏族地区与汉族地区文化的融合有一定关系。

植物图案是具有象征意义的，如藏族人民最喜欢使用的莲花图案，它有着对生命的美好祝愿，有着期盼生活能够吉祥如意的意思。当然，在日常的民居装饰中，纯粹为了外观的美化而出现的植物图案也有很多，如梅花、牡丹等花卉图案就是纯粹的装饰。

佛教图案与文字图案是当地居民信仰的一种体现，是宗教文化在装饰艺术中的表达。这一类装饰常见的图案有白伞、金鱼、宝瓶、妙莲等吉祥八宝图案。此外，还有由梵文组成的带有吉祥祈盼意味的文字图案。

在藏族地区的装饰艺术中还有一些对自然景观的表达，如水、波浪、火焰、日月等形象也经常出现在日常民居的装饰当中。

◎ 丰富多样的装饰手法

碉房的装饰根据装饰部位的不同也有其不同的装饰手法，主要包括雕刻、彩绘、檐楣装饰等。

雕刻手法主要用于起居空间中的门窗、房柱、壁龛等部分，而且在雕刻工艺上融入了浮雕、暗雕、透雕等多种方式。通常，雕刻是进行彩绘的前置步骤。

碉房门窗雕刻与彩绘装饰

彩绘装饰常与雕刻相结合。先以雕刻的工艺将确认好的装饰图案在木材或石材上刻好，然后以彩绘的方式为其上色。在藏族彩绘艺术中，色彩多为饱和度高、对比强烈的颜色，如红、蓝、绿、黄、白等。彩绘用色大胆，鲜艳浓重，彩绘装饰后的房间显得格外华丽。在古时，彩绘装饰多在身份地位较高的家庭中出现。

壁画是彩绘中的另一种形式，比起在雕刻后进行上色，壁画主题的选取更加自由，如传说、历史、名人故事等。壁画多出现在室内的堂屋或是走廊的墙面上，须有完整的空间进行创作。壁画在色彩处理上遵循了彩绘的传统，用色大胆，浓墨重彩。对于藏族居民来说，这样的壁画装饰是他们引以为傲的民族特色的体现。

藏族民居的外围装饰

檐楣装饰作为藏族装饰中独特的手法出现在藏族人民的家中，它主要应用于房屋的屋檐、廊檐、门楣、窗楣等部分。碉房的檐楣通常是由多层逐渐出挑的木椽组成的，当地称之为"飞子木"。以油漆在飞子木上进行彩绘，最终形成檐楣装饰。檐楣装饰主要是与碉房外墙的简白颜色形成对比，增强房屋整体的色彩。

漫 | 话 | 建 | 筑

布达拉宫——海拔 3700 米之上的神圣之地

"住进布达拉宫，我是雪域最大的王。流浪在拉萨街头，我是世间最美的情郎。"这是历史上著名的藏族诗人仓央嘉措在布达拉宫留下的绝美情诗。这份原本看似不可相互交融的神圣与浪漫，在仓央嘉措的笔下成了永恒的经典。

布达拉宫建立在海拔 3700 米以上的山岗之上，占地总面积达到 36 万平方米，主楼高 117 米，共 13 层。布达拉宫整体为石木结构，宫殿外墙有 2～5 米之厚，地基部分直接埋进山石之中。墙身全部用花岗岩砌筑而成，高达数十米。在墙身之中灌入铁水，凝固后可以起到加固墙体的作用，确保不会因地质变化而走形。其中，宫殿、佛殿、庭院等一应俱全。

布达拉宫是吐蕃王朝松赞干布为迎娶文成公主而建造，于 17 世纪重建后，红白二宫相互映衬，格局更显大气磅礴。宫殿内部富丽堂皇，墙壁由色彩浓厚的壁画进行装饰，闪耀珍宝镶嵌其中。

这座依山而立、雄伟壮阔的藏式宫堡建筑群经历了 1300 多年的历史洗礼后，仍然保持着它庄严、圣洁的气势，成为无数旅游爱好者的向往之地。

布达拉宫

第七章

静谧中的柔美

领略南方少数民族的民居风情

沿着秦岭淮河一带向南走去，干燥被湿润取代，落叶被常绿取代，高原戈壁被低山丘陵取代。山川俊美，江河秀丽，水流纵横间是灵秀飘逸的云霞低垂和细腻宁静的流水密林。告别了一望无际的戈壁与高原，我们来到了多山多水、丘陵起伏的南方。土家族、傣族、白族等少数民族的人们世代生活在这里。

　　在高低起伏的地势间，聪慧的土家族人在山峦之间架起了吊脚楼。为了应对潮湿的气候与降雨可能导致的积水，机智的傣族人民将房屋抬高，创造了他们的标志民居——傣家竹楼。生活在地势较为平坦，气候四季宜人的云南大理的白族人民则在临水的平坝地区精雕细琢，修建了极富美学价值的白族民居。

　　南方少数民族的民居建筑，在敦厚与朴实的自然美基础上，也同样具有值得称道的独特个性。

依山傍水好风光——土家族吊脚楼

　　历史悠久、民族文化独特的土家族现今主要分布在湖南、湖北、重庆、贵州等地交界处的武陵山区。武陵山区是指武陵山及其余脉所在的区域，包括小型的盆地与丘陵，其间有山脉与江河交错形成的峡谷、浅滩。

　　地势的起伏通常都会给建筑的落成带来一定的困难，民居也不例外。这就让我们不禁思考，长期生活在武陵山区这样的地形地貌中的土家族人们是如何架起他们结构稳定又充满特色的生活家园的呢？

土家族村落

半面青山半面水——吊脚楼的选址与营造

　　吊脚楼是土家族最具特色的民居建筑，吊脚楼建筑结构的产生主要是受到当地自然环境的影响。武陵山区内山水交错，沟壑纵横，属于亚热带气候。山区内常年烟雾缭绕，湿度极大，昆虫以及热带爬行动物较多，其中不乏一些有毒物种。面对这样的自然条件，土家族人顺应这片容身之地的特性，依山傍水，在起伏不平的地形上修建了与地面接触较少的吊脚楼。

　　半面临山，半面临水是土家族吊脚楼常见的位置选择。吊脚楼的大部分结构位于陆地，小部分用木杆架起，凸出陆地，高于水面。这样的位置选择既减少了用地面积，又减少了对自然的破坏。除此以外，土家族吊脚楼也有平地起吊及山地起吊的方式。

土家族吊脚楼在建造中极大地降低了对原生地形地貌的破坏，同时也规避了有害毒虫的入侵。生活空间位于二层，一层有柱无壁，通常是空置或是存放一些杂物。

传统土家族吊脚楼样式

◎ 选屋场——吊脚楼的选址

依山面水只是土家族吊脚楼选址遵循的要求中的一项。吊脚楼的选址又被称为"选屋场"。在选屋场的过程中，天人合一、信仰崇拜等都是选址的依据。

土家族人遵循"宅者，人之本。人以宅为家，居若安则家代昌吉"的安家思想，通常会请先生来测定房屋的方位。坐北朝南、地势合理是吊脚楼选

址的基本需求。地势若能呈现"左青龙，右白虎，前朱雀，后玄武"的风水
格局，则是最佳的落址之所。

◎ 伐青山——吊脚楼的建筑材料选取

土家族吊脚楼是典型的木质结构民居。木材成为吊脚楼主要建筑材料，
主要是源于土家族人民生存的自然环境。武陵山区森林覆盖率极高，木材资
源十分丰富且可以再生，木材便自然而然地成了建筑的好材料。

吊脚楼的主体建筑木材一般会选用椿树或木梓树，除了木材本身具有
良好的韧性和抗震效果外，也取树木名字的谐音"椿"同"春"，图个吉利。
吊脚楼中的中柱和房梁木材的选择则更加严谨，通常会以无病无灾、生命力
强的杉树为最佳选择。

在建造新的吊脚楼前，准备木料是一项在各种意义上都十分重要的工
作，甚至被赋予了仪式感。因为准备木料意味着要使用森林中的树木，所以
土家族人称砍伐木料的步骤为"伐青山"。

◎ 架大码——吊脚楼建筑木材的加工与组合

土家族吊脚楼的衔接结构是中国建筑中典型的穿斗式结构，这种结构的
主要特征是不用一钉一铆，所有梁柱板椽都是用卯榫衔接起来的。这种穿斗
式结构一直以来也体现了我国建筑工匠精彩绝伦的建造技艺。

"架大码"是土家族居民对加工梁柱木材这一步骤的简称，是通过对木
材的细致打磨，最终形成能够通过卯榫衔接完成的梁柱结构。对于这类材料
的加工，土家族的工匠们也有相当明确的分工，如大木作、小木作等，使
用的工具也依据处理的部位不同需要使用凿、斧、刨、锯等多种工具。架

大码后，土家族的工匠会在一个平面上将柱与柱联结起来，这样的形式被称为"排扇"。排扇通常有许多面，需要把每一面排扇与枋梁衔接起来形成房架，最终才能形成吊脚楼的整体建筑框架。整体框架稳定后，稳固椽角，再在其间铺上木板，建造阶梯，盖上瓦顶，一栋崭新的吊脚楼新居便完成了。

从木材的打磨与制作到吊脚楼最终的落成，每一步的打造、衔接都由专门的建筑工匠负责。在山川峻岭间建造一栋既稳固又实用的吊脚楼，对于常年建造吊脚楼的工匠来说是手到擒来的事情，他们甚至不需要在纸面上画图设计，便能熟练地完成从伐木到建造的全部流程。

湖北恩施唐家院子土家族吊脚楼建筑

◎ 家庭观念的体现——吊脚楼的内部格局

吊脚楼在楼层与房间数量上通常依据家庭人口的多少与使用需求而定，很少有文化风俗上的要求。常见的土家族吊脚楼以三层居多。

吊脚楼的一层无人居住，高度通常不超过 1 米，主要起到隔绝潮湿、防止有害虫兽入侵的作用，有时会被用于放置农具或柴草。

二层与三层是主要的生活空间，形制主要有长三间、长五间和长七间三类。在房间格局上，正中为正屋，正屋的中间地带土家族人称之为"堂屋"。堂屋主要用于家庭议事或招待宾客，其他功能型房间则围绕堂屋进行设置。

宜昌五峰的土家族吊脚楼

通过板壁，正屋被分为前后两个区域，前侧是主要的互动区域，包括堂屋，后方则为卧室。土家族人的家庭观念十分强烈，长幼有序。在房间的安排上，土家族人遵从以左为尊的观念，一般安排长辈（通常指父母）居左间，子女居右间。

古朴灵秀之美——吊脚楼的装饰艺术

在吊脚楼的营造技艺方面，土家族人选择了适应自然、相互依存的建造方式，形成了独特的结构样式。在装饰艺术方面，土家族人也有一套独特的表现手法。土家族人对居所的装饰相当重视，在吊脚楼建造完成后，如果没有对吊脚楼进行装饰，土家族人通常不会邀请宾客前往家中共庆乔迁之喜。

与土家族人尚俭朴的个性相联系，土家族吊脚楼的装饰也会给人一种质朴的感觉。装饰雕刻的纹样多以自然中的形象为主，如花鸟虫鱼、山水草木等，有时也会使用民间传说中的形象和几何图案进行装饰。色彩方面则一般使用淡雅简单的颜色。

从吊脚楼的屋顶往下看去，屋脊、梁柱、门窗、栏杆都是吊脚楼装饰的重点。在屋脊的装饰中，一般有钱形纹、方形纹或花叶纹等装饰图案，都有一定的美好寓意。其中，钱形纹的寓意十分容易理解，就是代表着恭祝发财的含义。

梁柱部分是吊脚楼中起到支撑稳定作用的重要组成部分，对其的装饰也同样重要。比如在柱结构中，"挑柱"是最具审美价值的结构之一。挑柱位于吊脚楼的屋檐下方，柱头的部分是悬空的。因此，挑柱柱头的部分常常被直接刻成"金瓜"的形状，寓意五谷丰登，柱身部分也会使用龙凤等纹理来进行装饰。

在门窗栏杆的装饰中，会以雕刻的方式刻上鸡、鱼等动物图案，为取"吉祥如意，年年有余"的谐音，或者刻上代表"吉祥富贵"等含义的形象，如凤凰、牡丹等。有时，他们也用直接的文字来寄托美好的愿望，如直接在楼外的木质栏杆上雕刻上"万""喜"字样，或在门窗上雕刻上"福"的字样等。

在保证房屋功能不受影响的基础上，土家族人们希望他们的住所能够表达他们对生活的热爱，能够展现属于土家族的风土人情。

虽稍显质朴，却拥有接近自然的灵秀之美，土家族吊脚楼的装饰艺术展现了土家族人尊重自然、与自然和谐共存的思想智慧。

吊脚楼建筑群

"青龙白虎朱雀玄武"究竟代表什么？

古人建造住宅讲求风水格局，"左青龙右白虎上朱雀下玄武"的口诀应运而生，即便是不懂风水的外行人都听说过这句口诀。那么这句口诀究竟代表着怎样的含义呢？

古人讲求风水，看似神秘，充满玄机，实则在一定程度上与古人的生存需要有关。"青龙白虎朱雀玄武"代表的就是住宅的东西南北四个方向。根据古人对朝向、地貌特征的要求，住宅的东西南北四个方向需具备相应的地貌特征方是满足了这一口诀的要求。

如古人讲求左高右低，即青龙的地势要高于白虎的地势，实际代表的是农耕社会对光照的需求。太阳东升西落，若西边的地势低矮一些，农作物便能获得更加充分的阳光照射，以农耕为生的人们便能获得更好的收成。

再如朱雀玄武，即南北两个方向。古代的住宅坐北朝南居多，朱雀位若地形适宜，则能让房屋得到更好的采光，而玄武位的好坏则与房屋避北风的性能有关。

密林深处有人家——傣族竹楼

心有所思

　　云南西南部，属热带季风气候。这里没有四季，热带雨林密布，常年湿润，降雨量较大。素有"水的民族"之称的傣族人民便生活在这样的环境中。想要生活在这里，房屋便要能够防虫蛀、抗潮湿、抗洪水。这些要求即便使用现代的建筑工艺都不一定能够完全满足。那么，世代生活在这里的傣族人民是通过怎样的营造方式，以自然中的材料为主体，让民居建筑符合这些要求的呢？

　　傣族的民居建筑以"傣家竹楼"而闻名，这是一种多为上下两层、上层居住、下层中空的建筑形式。为了能够获得较为安全的居住环境，并能够畜牧农耕，位于云南平坝地区（即地势平缓的地区）的傣族人民多建造竹楼作为自家的住所。

傣家竹楼距今已有1400多年的历史了，在明代朱孟震撰写的《西南夷风土记》中曾这样写道："所居皆竹楼，人处楼上，畜产居下。"描述的便是傣家竹楼的生活景象。

常见的傣族竹楼样式

好的开始是成功的一半——考究的建筑选材

傣族人民对竹楼建材的选择有着非常严格的标准管控，这是因为地处湿热的自然环境中除了需要把房子架空来躲避毒虫走兽侵扰外，还需要从建材根本上防范白蚁等昆虫的破坏。此外，也需要防止地面的腐菌类不断繁殖。

在竹楼的用材中，竹材并不是唯一的选择。根据用途的不同还可能会选择更加昂贵的、防腐防虫效果更好的树木、石头或是小型灌木的枝叶作为建材的一部分。但总体来说仍是竹材应用得最为广泛。

傣族地区的竹材繁多，竹子的种类可分为苦竹、云竹、毛竹、龙竹等。傣族居民还会根据防腐防虫等功能对竹材进行划分。例如，刺竹是所有竹子种类中防腐性能最好的，黄竹则是最抗虫害的。

在建造竹楼时，根据建造结构的不同，人们还会根据硬度、柔韧度、长短粗细等特征对竹材再次进行分类，用于建造梁、柱、椽、篱笆等不同的部分。

云南西双版纳傣族村寨中的竹楼

不仅在对竹材本身质量的选择上有着细致的研究，傣族人民还十分重视竹材砍伐的时间。因为适时的砍伐能够防止竹材还未使用就受到虫蛀或腐败，此外也有利于竹材的再生。

通常，傣族人民会在每年雨季过后的9～10月将选择好的竹子砍倒并放在原地不动，搁置1～2个月后，待砍倒的竹子干透，才用各种建筑工具加工成梁、柱等建材样式。经过2～3个月的加工后，最晚到次年的2～4月份一定要开始修建房屋。之所以不能晚于这个时间，是因为以4月15日泼水节为分界线，过了泼水节就要进入春耕阶段了，因此必须在繁忙的农耕开始之前完成房屋的建造。

生存的智慧——傣家竹楼的建筑结构

傣族居民对他们生活的自然与人文环境进行了细致的总结，并对可能影响他们生存与生活的问题制定了相应的防范措施，这其中便包括了傣家竹楼建筑结构的形成。

◎ 防洪防虫防走兽的下层

普通的傣家竹楼一般建造两层，分为上层与下层空间。对于下层空间来说，其主要的作用是保障上层居住空间和居住者的安全。基于保障安全的需要，竹楼的下层被建造为仅有支撑的立柱，没有墙壁的形式。

下层的中空主要有三重作用：防洪水侵袭、防昆虫腐蚀、防走兽进入。优秀的防洪性能一直是傣家竹楼的特色之一。下层的立柱通常是分散落地，在洪水侵袭时能够较好地分散洪水的冲击力，同时也能减轻上层空间对地面的挤压，如西双版纳竹楼，下层通常有40～50根柱子之多。

防虫害也是竹楼建造的重点，传统的竹楼采取烟熏或是以坚硬卵石垫高柱子的方式驱避虫害。此外，居民还会在下层蓄养一些家禽，如鸡鸭等。鸡鸭能以白蚁等小型昆虫为食，也一定程度上避免了白蚁等昆虫对房屋建材的侵蚀。

高高挑起的傣家竹楼在下层的高度上保障了上层空间的安全，在满足防洪防虫要求的基础上也就一定程度上防止了野兽的入侵，有效地保护了人身和财产安全。

在满足了基本的生存需要后，傣家竹楼下层空间的巧妙设计还带来干燥通风的效果。下层的悬空让风从上下左右前后各面吹向房屋，不仅保障房屋内的干爽透气，还可以防潮，提升了房屋的耐久性。

一层用于储存杂物的傣家竹楼

◎ 生活起居的上层

　　竹楼的上层是供傣族家庭生活起居的场所。除了依靠下层的布局来趋避
洪水及虫害走兽外，竹楼上层一般会采用歇山式的屋顶设计，以便排水，防
止上层漏雨或积水。傣家竹楼的屋顶坡度通常比普通房屋要更陡一些，主要
是因为当地降雨量大。

　　上层内部的布局通常也会根据生活的需要分为前廊、堂屋、卧室等。内
部常以板墙将居室分开，面向正门的房间作为堂屋使用。通过前廊便进入了
堂屋，堂屋中设有"火塘"用来做饭取暖。客人到来时，火塘的区域也被用
来待客。

云南西双版纳曼掌村的傣家竹楼

卧室通常位于堂屋的一侧，其布局安排也反映了傣族家庭的长幼观念。卧室不仅在房间顺序上，而且在床铺的内外顺序上都讲求长幼有序。例如，家庭成员如果必须在同屋就寝，则长辈必须睡在最靠内侧的床铺上，然后小辈由内向外依次排开。

🌑 独特的审美观念与极简装饰的竹楼

傣家竹楼一般都是独立成院，以竹楼本身为主体，在竹楼的四周会围上由竹材连接制作而成的竹栅作为院墙，既有防御功能，也有装饰作用。

傣族人民生性善良淳朴，环境的自然之美与心灵的纯洁之美在傣族人民心中同等重要。青山环绕、河流清澈、物种丰富的宜人环境便是安身之处的最好装饰。故此，傣家竹楼形成了以简洁自然为主题的装饰风格。

云南西双版纳傣族自治州的竹楼外围风光

在外围，院外的竹栅、篱笆以及竹楼主体的外墙墙面会以芭蕉叶及竹编制品进行美化。在院内，傣族人们会种植芭蕉、杧果、椰子树以及凤尾竹等花草树木来装点庭院。在室内，不仅主要的装饰品以竹制品居多，就连日常生活用的家具，如桌椅板凳也会使用竹片进行制作，既具备功能性，又具备自然的观赏性。

漫 | 话 | 建 | 筑

"展翅高飞的凤凰"——西双版纳竹楼

位于云南最南端的西双版纳是赫赫有名的傣族自治州。西双版纳有中国唯一的热带雨林自然保护区，也是国家级的生态示范区。西双版纳以其独特的热带雨林景观以及傣族少数民族风情成为云南旅游业的一颗明珠。

茂密的竹林与芭蕉、椰树林掩映间，作为西双版纳一景的傣家竹楼便坐落于此。西双版纳的傣族居民称自家的竹楼为"晃很"，据传是从"烘亨"这一傣语词汇演变而来。"烘亨"一词代表的是凤凰展翅之姿。如果从远处望去，西双版纳竹楼歇山式、坡度较陡的屋顶，挑出的房檐以及竹楼轻盈的体态组合起来，便颇有"烘亨"之象。

西双版纳竹楼为典型的两层竹楼，下层中空，上层住人。下层的高度约为2.5米，立柱裸露，空置的空间一般用于存放农具、杂物及饲养牲畜。上层外围设有走廊，连通各个房屋，同时还设置有"晒台"，主要用于晾晒粮食衣物及纳凉。西双版纳的傣族居民还喜欢在晒台上用竹子搭出一小片空间，种上薄荷、香茅草等傣族特色的调味植物。

　　西双版纳竹楼的内部空间布局常一分为二,一半作为堂屋，一半作为卧室。传统西双版纳竹楼的卧室不设墙，由黑色布帐将铺垫隔开作为区分，父母子女按照长幼次序同宿一室。依照傣族习俗，卧室是极私密的个人空间，不允许非家庭成员进入。

粉墙画壁耀人眼——白族民居

心有所思

　　告别云南西南部的傣家竹楼，我们来到云南的中部。苍山洱海，让人向往。云南大理，一座美丽的城市。这里居住着白族人民。

　　碧海蓝天，白墙青瓦，犹如水墨铺就的白族民居正是白族人民安居的家。做工装饰讲究，定位布局合理，既满足生存需求又符合审美观念，白族民居是白族建筑艺术中的卓越代表。那么，你对白族的特色民居建筑了解多少呢？

　　白族是聚居程度较高的民族，其村镇通常人口众多，常年以农耕为生，造就了璀璨的农耕文明。对于白族居民来说，选择一处临近水源、地势平坦的地区建造民居，形成村落是相当重要的事情，这不仅关乎着个人的生计，也关乎着村落的繁衍生息。

居住条件的舒适是白族居民生活要求中的一项。有时，他们甚至不惜节衣缩食也要拥有一幢宽敞舒适的住所。于是，白族人民从当地的地理与气候条件、生活习俗等方面着手，通过不断的打磨、改造，精益求精，逐渐形成了"白族民居"这一特色建筑。虽然白族人民起初只是为了营造舒适的居住环境，但是白族民居独特的建造艺术仍然在不知不觉中成了颇具观赏研究价值的少数民族建筑景观之一。

与农田相互映衬的白族民居

白族人民住所的发展历史，经历了从原始时期的穴居到红烧土房、土库房再到现在具有独立特色的白族民居多个阶段。汉代时期，白族人民与中原地区的汉族人民交往逐渐密切起来，白族民居的建筑形式也逐渐开始受到汉文化的影响。明清时期，白族民居逐渐形成了如今独特的"三坊一照壁，四合五天井"等结构布局形式，并将建造形式固定了下来。

融合了本族特色，又吸收了一定汉文化特征的白族民居用它独特的建筑语言向到访的游客讲述着属于白族的历史与文化故事。

精挑细选——精致的用材与建造结构

"巷陌皆垒石为之，高丈余，连延数里不断。"这是一段旧时对南诏民居的描述。从这段描述中我们可以看出，古南诏国的民居建筑通常是以石头作为主要的建筑材料。

之所以引用这段对古南诏国民居的描述，是因为古南诏国就是由古时的白族与彝族人民共同组建的。在对古南诏国的历史记录中，我们能够找到一些白族民居的发展缩影。

白族传统民居建筑

◎ 石木为主、泥土为辅的建筑结构

白族民居主要是以石头作为主要的建筑材料，通常为石木结构房屋，有时也有土木结构房屋，这主要取决于当地环境。人口密集的云南大理，以盛产大理石而著名，居住于此的白族居民也就多以大理石作为主要的房屋建筑材料。在选材一事上，白族居民讲求源于自然也要回报给自然。在工匠得到建材的同时，也要保护好自然环境。不能过度获取，要让自然资源有再生的能力。

任何民居建筑的营造都离不开自然环境的限制，材料选择后的重要工作是如何搭建稳定的建筑结构。"抗震""避风""泄洪"是白族民居建筑的要求。多地震、多强风、降雨量大是白族居住地区的主要地理与气候特征，因此房屋的朝向能够避风，房屋框架稳定防震，屋顶设计能够泄洪排水是必备的设计要求。

白族民居一角

　　白族民居的墙体通常较厚，要先用石头搭建出墙基，然后用泥土平整出厚实的墙面。房屋架构常以四根立柱为支撑主体，在每个木桩埋入土层前，还会先放入础石，础石之上才立木柱，达到稳定房屋、增强抗震能力的效果。除了通过加固立柱提升房屋的稳定性，在房屋整体框架的搭建过程中，梁、柱、枋、卯榫之间相互衔接的质量也决定了房屋的抗震性能。

◎ 三坊一照壁——别具特色的布局形式

　　"两坊一耳""三坊一照壁""四合五天井""六合同春"，这些形式都是白族民居的院落布局形式，其中又以"三坊一照壁"与"四合五天井"应用较多。"三坊一照壁"指的是民居由三合院与一"照壁"组成，照壁是用于挡风遮阳，形成院落气势的独立墙体。"四合五天井"则指的是四合院拥有五个天井。坊、壁、合、井都是白族民居院落中的组成部分。

大理白族民居（三坊一照壁）

三坊一照壁中的"坊"并不是房屋基建中的"枋"。坊指的是三开间、两层楼的房屋。白族居民将这样的一幢房子称为"一坊"。

坊中通常有底层三间，前有走廊。面对主要交通道路的正房为堂屋，左右房屋为卧室。二层则多作为贮藏室使用。坊的屋檐通常为双层重檐，这也是白族民居的一个显著特征。上层房檐下通常建有可以晾晒粮食的平台，下层房檐则起到排雨泄洪的作用。

"照壁"是指院落中的正房前，与正房檐口几乎齐平的装饰墙，这在其他民居建筑中也有类似的形制，如影墙、屏风墙等。照壁虽不是白族民居独有的建筑部件，却是白族居民建筑中重要的装饰结构及功能结构。受地理环境的影响，白族居民通常会选择让自己的房屋面向阳光充足的方向以保持光亮和干燥。因此，白族民居中的照壁除了有装饰、凸显身份的作用，在太阳初升时，白色的照壁墙面还能够为民居遮挡刺眼的强光。

白族民居中的典型照壁

坊壁的结合最终形成了"三坊一照壁"的民居建筑布局，它最终表现出来的院落样式就是由三幢三开间两层的房屋与正房前装饰得当的照壁组成的闭合式院落。

四合五天井则指的是由四个"坊"组成的四合院，院中有五个天井布局的结构形式。五个天井中，较大的天井位于院落的中央，其余四个小天井则位于院落的四角。

粉墙画壁——技艺高超的装饰艺术

由自然环境、风俗习惯、外来文化融合而成的白族传统民居，有着独特的装饰理念。"粉墙画壁"是白族民居装饰中的一大特色。

云南大理喜洲古镇上的白族民居风光

◎ **水墨画风、自然和谐的色彩搭配**

粉墙画壁，是白族装饰艺术的代称。其中的粉墙并不是指白族民居的墙是粉色的，而是指对墙面的粉刷。

通过对白族民居的观察，我们不难看出，正如白族的族名，白色是白族民居的主体颜色。无论是整个院墙、坊外墙还是院中的照壁都是大面积的铺白。在蓝天白云、苍山碧海的丰富颜色中，白族民居的白色与自然相得益彰。

除了主体的白色，黑色与灰色等相对冷色调的颜色也常出现在房屋结构的装饰彩绘当中。黑色通常作为打底和勾线的色彩使用。通过晕染的方式可以将黑色巧妙地过渡到灰色，再从灰色过渡到墙面主体的白色，让整个装饰图案既起到装饰作用又不显突兀。

云南大理喜洲古镇张家花园风光

打底或勾线后，白族居民会在墙体上添上更多的颜色，形成最终的彩绘图案。对于彩绘图案的配色，白族居民偏爱与天空一般的蓝色，这也与他们生活的蓝天碧海的环境有关。除此以外，还有以墨绿、土红等色彩描绘的图案。

◎ **典雅精巧、内涵丰富的装饰表达**

白族是艺术的民族，白族的各式建筑都离不开精美的雕刻与彩绘。白族居民凭借装饰来表达他们对生活的热爱。融合了一定程度的汉文化特色的白族民居装饰，虽然在纹理样式、局部细节上能看出一定的汉文化特征，但是从图案整体及布局上看，仍能看到属于白族的清雅脱俗、宁静祥和的审美意趣。

　　白族居民对装饰的纹饰图样有着自己独到的见解，山水风景、树木花草、鸟兽虫鱼、历史故事等形象都在白族建筑装饰中使用。由此可见，自然环境、本族文化、历史经历及融合的其他民族文化都是白族装饰表达的对象。

　　除了对装饰图案的讲究，白族居民对装饰位置也颇有要求。首先是白族民居的门面——门楼。门楼是判断一户白族人家地位的首要标准。房屋的主人通常会采用多种装饰方式对门楼进行装饰，如彩绘、泥塑等。不仅会在门楼上进行装饰，门楼的四周与地面也会通过摆放石雕、以花砖青砖铺地等形式进行辅助性装饰。

白族张家花园门楼及其装饰

　　从门楼进入院内，位于正房前的照壁便成为下一个装饰的重点，因为客人总是先绕过照壁才能到达正屋。照壁正中的白色墙面经常会以书法的形式镌刻大字，如"福""紫气东来"或一些评价自家家世的词语，如"清白""书香"等，也有使用彩绘形式将水墨风景画或花鸟图等绘制在照壁墙上进行装饰的形式。

民居的主墙体也是白族建筑装饰中的重点区域。在大面积的白墙上，白族居民喜欢使用看上去简洁大方、典雅端庄的图案纹饰作为装饰。图案纹饰装饰的范围一般是墙壁的四周及墙壁与房顶衔接的部分。

除了门楼、墙面这些装饰空间较多的位置，白族民居中的门窗、走廊的栏杆以及立柱也是装饰的区域。家庭条件较好的人家通常会在门窗上雕刻金狮绣球、丹凤含珠、金鸡富贵等辉煌大气、寓意美好的纹样来凸显主人的身份与地位。

云南大理喜洲古镇中的巷道

漫|话|建|筑

白族的城镇——大理喜洲

云南大理是一座美丽的城市，其四季宜人，常如初春，令无数造访者流连忘返。这里是白族的聚居地，全称为"大理白族自治州"。如今的大理市有十镇一乡，中有一镇名为"喜洲"，在这里保存着许多样式完整、民族特色鲜明的白族民居建筑。

喜洲古镇题名坊

若从大理古城开车前往喜洲古镇，需向北行驶18公里。到达喜洲古镇后一定要从镇口下车，因为在喜洲古镇的入口能够看到一棵存活了500年之久，枝叶繁茂的榕树。这棵榕树的俗名很多人都知道，名为"万年青"。白族人民相信，这棵万年青就是兴旺的象征，它的长青能够为村落带来繁荣。喜洲古镇的村民们时常会在树下小憩，遇到庆典的日子还会围着它进行庆祝。

喜洲严家大院

进入古镇内，便可以看到充满白族特色的民居建筑，大多是典型的"三坊一照壁"与"四合五天井"的院落形式。在墙壁、门楼之上可以看到雕画精细的装饰艺术作品。严、杨两家的居所是喜洲古镇最值得一去的景点之一。其中的严家是旧年喜洲的"四大家族"之首，其住宅的形制气派可想而知。而杨家住宅则以其精致的装饰雕画工艺闻名，其房屋建筑上的装饰艺术作品非常细致精巧，是极具白族特色的装饰风格。

被规划为旅游景区后的喜洲古镇还能让游客在白族的传统民居内观赏到白族特色的歌舞表演，品尝到特色的"三道茶"茶艺。白族的三道茶茶艺以其独特的一苦、二甜、三回味的特点成为白族人民代代相传的待客之道。

参考文献

[1] 戴华刚.民居建筑——中国国粹艺术读本 [M].北京：中国文联出版社，2008.

[2] 侯幼彬.中国建筑美学 [M].哈尔滨：黑龙江科学技术出版社，2004.

[3] 胡元斌.最美经典民居 [M].汕头：汕头大学出版社，2016.

[4] 荆其敏，张丽安.中国传统民居 [M].北京：中国电力出版社，2014.

[5] 李慕南.民居民俗 [M].开封：河南大学出版社，2001.

[6] 李少林.中华民俗文化——中华民居 [M].呼和浩特：内蒙古人民出版社，2006.

[7] 李少群.地域文化与经济发展 [M].济南：山东人民出版社，1994.

[8] 李泽厚，刘纲纪.中国美学史（1、2 卷）[M].北京：中国社会科学出版社，1987.

[9] 林耀华.民族学通论 [M].北京：中央民族大学出版社，1997.

[10] 刘敦桢.营造法原 [M].北京：中国建筑工业出版社，1998.

[11] 刘太雷等.中国传统民居欣赏 [M].西安：西安交通大学出版社，2014.

[12] 陆元鼎.中国民居建筑 [M].广州：华南理工大学出版社，2003.

[13] 潘古西.中国建筑史 [M].北京：中国建筑工业出版社，2004.

[14]　任耕耘.中国民居（汉英对照）[M].合肥：时代出版传媒股份有限公司，2014.

[15]　孙大章.中国民居研究[M].北京：中国建筑工业出版社，2004.

[16]　王其钧.民居建筑[M].北京：中国建筑工业出版社，2007.

[17]　王小回.中国传统建筑文化审美欣赏[M].北京：社会科学文献出版社，2009.

[18]　吴良镛.广义建筑学[M].北京：清华大学出版社，1989.

[19]　袁镜身.建筑美学的特色与未来[M].北京：中国科学技术出版社，1992.

[20]　曾明.中国传统民居建筑与装饰研究[M].北京：中国纺织出版社，2020.

[21]　占春.中国民居：汉英对照[M].合肥：黄山书社，2014.

[22]　程瑞.新疆阿以旺民居形制与装饰研究[D].乌鲁木齐：新疆师范大学，2010.

[23]　李泰运.大理白族民居的现代变迁研究[D].西安：陕西师范大学，2012.

[24]　刘丽.大理白族民居彩绘的审美文化研究[D].昆明：昆明理工大学，2015.

[25]　刘一.西双版纳傣族民居的演变与更新研究[D].昆明：昆明理工大学，2011.

[26]　刘颖.土家传统民居装饰语言研究[D].武汉：武汉理工大学，2013.

[27]　钱肖桦.大理白族民居院落研究[D].昆明：昆明理工大学，2011.

[28]　赵西子.滇西北藏族传统民居"土掌碉房"营造技艺调查研究[D].西安：西安建筑科技大学，2018.

[29]　卓拉.蒙古包建筑构造方法研究[D].北京：北京建筑大学，2013.

[30]　高立士.西双版纳傣族竹楼文化[J].云南社会科学，1998（2）：229-241.

[31]　黄元，赵西平.土家族吊脚楼的装饰艺术之美[J].建筑工程技术与设计，2015（34）：329.

[32]　焦宇静.中国传统民居室内陈设空间形态分析——明清时期徽派民居的室内陈设[J].华中建筑，2012（8）：129-133.

[33]　李琼君，张翰文.新疆和田地区阿以旺民居建筑解析[J].西安建筑科技大学学报（社会科学版），2020（1）：39-41.

[34]　龙江，李莉萍.土家族吊脚楼结构解读[J].华中建筑，2008（2）：195-198.

[35] 孟娴 . 傣族竹楼的原生态文化及其保护性演进 [J]. 上海城市管理职业技术学院学报，2008（5）：25-26.

[36] 荣树坤，牛晓霆，王逢瑚 . 康百万庄园的室内陈设艺术探微 [J]. 山西建筑，2011（22）：5-6.

[37] 汪艳荣，彭劲，徐保祥 . 鄂南明清时期室内陈设装饰图案的审美意蕴与文化探究 [J]. 家具与室内装饰，2014（6）：32-34.

[38] 王及宏 . 藏族碉房及其体系化存在辨析 [J]. 南方建筑，2015（6）：53-54.

[39] 张爱武 . 土家族吊脚楼研究综述 [J]. 贵州师范大学学报（社会科学版），2011（3）：64-70.

[40] 张健波 . 新疆阿以旺民居的营造法式与艺术特色 [J]. 艺术探索，2008（4）：51-52.

[41] 张良皋 . 傣族竹楼——中国民族建筑的奇妙发明 [J]. 长江建设，1996（5）：32-33.

[42] 章婧，苗族 . 傣族干栏式建筑艺术之比较 [J]. 贵州民族学院学报（哲学社会科学版），2012（1）：149-151.

[43] 周京南 . 从中国古代"春宫画"管窥明清室内家具陈设 [J]. 家具与室内装饰，2014（3）：20-5.

[44] 朱文丽 . 瓦当之美——中国建筑独特的艺术语言 [J]. 砖瓦，2012（22）：5-6.